许尤佳
小儿春季保健食谱

儿科主任
博士生导师 许尤佳 著

SPM 南方出版传媒
广东科技出版社｜全国优秀出版社
·广州·

图书在版编目（CIP）数据

许尤佳：小儿春季保健食谱 / 许尤佳著. — 广州：广东科技出版社，2019.8（2025.3 重印）
（许尤佳育儿丛书）
ISBN 978-7-5359-7191-3

Ⅰ. ①许… Ⅱ. ①许… Ⅲ. ①儿童—保健—食谱 Ⅳ. ①TS972.162

中国版本图书馆CIP数据核字(2019)第148206号

许尤佳：小儿春季保健食谱

Xuyoujia:Xiao'er Chunji Baojian Shipu

出 版 人：朱文清
策　　划：高　玲
特约编辑：黄　佳　林保翠
责任编辑：高　玲　方　敏
装帧设计：
摄影摄像：深圳·弘艺文化 HONGYI CULTURE
责任校对：陈　静
责任印制：彭海波
出版发行：广东科技出版社
（广州市环市东路水荫路11号　邮政编码：510075）
销售热线：020-37607413
https://www.gdstp.com.cn
E-mail：gdkjbw@nfcb.com.cn（编务室）
经　销：广东新华发行集团股份有限公司
印　刷：广州市东盛彩印有限公司
（广州市增城区新塘镇上邵村第四社企岗厂房A1 邮政编码：510700）
规　格：889mm×1194mm　1/24　印 张6.5　字数150千
版　次：2019年8月第1版
2025年3月第5次印刷
定　价：49.80元

ABOUT **THE AUTHOR**

作者简介

儿科主任/博士生导师　许尤佳

- 1000000 妈妈信任的儿科医生
- “中国年度健康总评榜”受欢迎的在线名医
- 微信、门户网站著名儿科专家
- 获“羊城好医生”称号
- 广州中医药大学教学名师
- 全国老中医药专家学术经验继承人
- 国家食品药品监督管理局新药评定专家
- 中国中医药学会儿科分会常务理事
- 广东省中医药学会儿科专业委员会主任委员
- 广州中医药大学第二临床医学院儿科教研室主任
- 中医儿科学教授、博士生导师
- 主任医师、广东省中医院儿科主任

ABOUT **THE AUTHOR**
作者简介

许尤佳教授是广东省中医院儿科学科带头人，长期从事中医儿科及中西医儿科的临床医疗、教学、科研工作，尤其在小儿哮喘、 儿科杂病、儿童保健等领域有深入研究和独到体会。特别是其“儿为虚寒体”的理论，在中医儿科界独树一帜，对岭南儿科学，甚至全国儿科学的发展起到了带动作用。近年来对“升气壮阳法”进行了深入的研究，并运用此法对小儿哮喘、鼻炎、湿疹、汗证、遗尿等疾病进行诊治，体现出中医学“异病同治”的特点与优势，疗效显著。

先后发表学术论文30多篇，主编《中医儿科疾病证治》《专科专病中医临床诊治丛书——儿科专病临床诊治》《中西医结合儿科学》七年制教材及《儿童保健与食疗》 等，参编《现代疑难病的中医治疗》《中西医结合临床诊疗规范》等。主持国家“十五”科技攻关子课题3项，国家级重点专科专项课题1项，国家级名老中医研究工作室1项等，参与其他科研课题20多项。获中华中医药科技二等奖2次，“康莱特杯”著作优秀奖，广东省教育厅科技进步二等奖及广州中医药大学科技一等奖、二等奖。

长年活跃在面向大众的育儿科普第一线，为广州中医药大学第二临床医学院（广东省中医院）儿科教研室制作的在线开放课程《中医儿科学》的负责人及主讲人，多次受邀参加人民网在线直播，深受家长们的喜爱和信赖。

俗语说“医者父母心”，行医之人，必以父母待儿女之爱、之仁、之责任心，治其病，护其体。但说到底生病是一种生理或心理或两者兼而有之的异常状态，医生除了要有“医者仁心”之外，还要有精湛的技术和丰富的行医经验。而更难的是，要把这些专业的理论基础和大量的临证经验整理、分类、提取，让老百姓便捷地学习、运用，在日常生活中树立起自己健康的第一道防线。婴幼儿时期乃至童年是整个人生的奠基时期，防治疾病、强健体质尤为重要。

鉴于此，广东科技出版社和岭南名医、广东省中医院儿科主任、中医儿科学教授许尤佳，共同打造了这套“许尤佳育儿丛书”，包括《许尤佳：育儿课堂》《许尤佳：小儿过敏全防护》《许尤佳：小儿常见病调养》《许尤佳：重建小儿免疫力》《许尤佳：实用小儿推拿》《许尤佳：小儿春季保健食谱》《许尤佳：小儿夏季保健食谱》《许尤佳：小儿秋季保健食谱》《许尤佳：小儿冬季保健食谱》《许尤佳：小儿营养与辅食》全十册，是许尤佳医生将30余年行医经验倾囊相授的精心力作。

《育婴秘诀》中说：“小儿无知，见物即爱，岂能节之？节之者，父母也。父母不知，纵其所欲，如甜腻粑饼、瓜果生冷之类，无不与之，任其无度，以致生疾。虽曰爱之，其实害之。”0~6岁的小孩，身体正在发育，心智却还没有成熟，不知道什么对自己好、什么对自己不好，这时父母的喂养和调护就尤为重要。小儿为“少阳”之体，也就是脏腑娇嫩，形气未充，阳气如初燃之烛，波动不稳，易受病邪入侵，病后亦易于耗损，是为“寒”；但小儿脏气清灵、易趋康复，病后只要合理顾护，也比成年人康复得快。随着年龄的增加，身体发育成熟，阳气就能稳固，“寒”是假的寒，故为“虚寒”。

在小儿的这种体质特点下，家长对孩子的顾护要以“治未病”为上，未病先防，既病防变，瘥后防复。脾胃为人体气血生化之源，濡染全身，正所谓“脾胃壮实，四肢安宁”，同时脾胃也是病生之源，“脾胃虚衰，诸邪遂生”。脾主运化，即所谓的“消化”，而小儿“脾常不足”，通过合理的喂养和饮食，能使其健壮而不易得病；染病了，脾胃健而正气存，升气祛邪，病可速愈。许尤佳医生常言：养护小儿，无外乎从衣、食、住、行、情（情志）、医（合理用药）六个方面入手，唯饮食最应注重。倒不是说病了不用去看医生，而是要注重日常生活诸方面，并因“质”制宜地进行饮食上的配合，就能让孩子少生病、少受苦、健康快乐地成长，这才是爸爸妈妈们最深切的愿望，也是医者真正的“父母心”所在。

本丛书即从小儿体质特点出发，介绍小儿常见病的发病机制和防治方法，从日常生活诸方面顾护小儿，对其深度调养，尤以对各种疗效食材、对症食疗方的解读和运用为精华，父母参照实施，就可以在育儿之路上游刃有余。

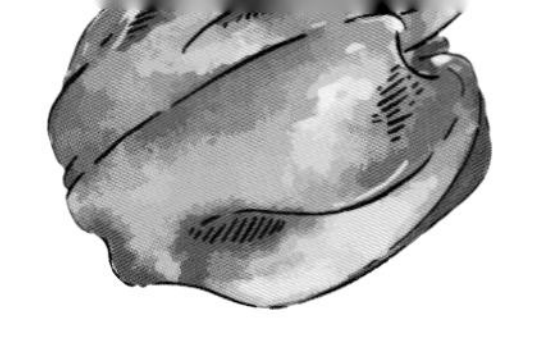
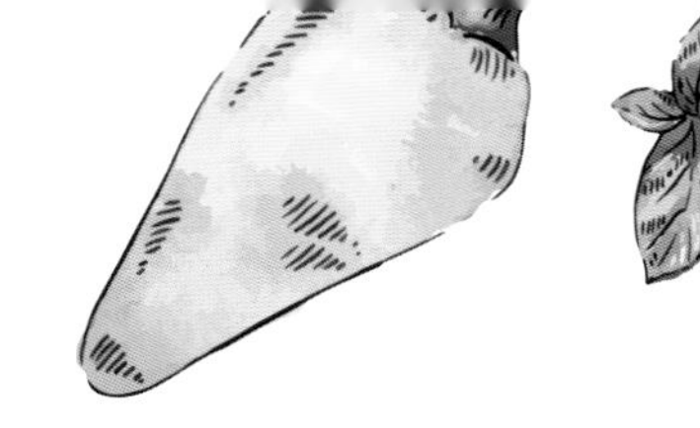

Chapter 1 小儿春季饮食调理

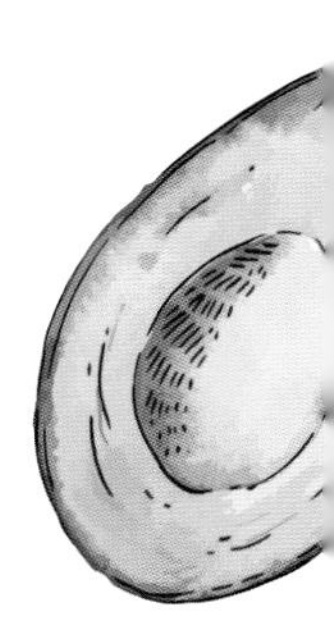

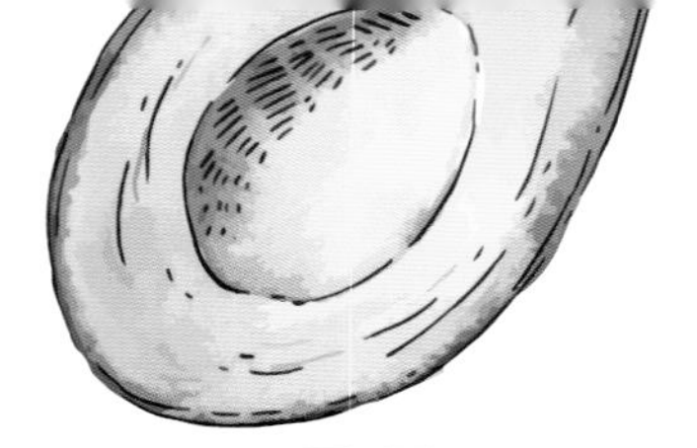

目 录 CONTENTS

Chapter 2 营养、天然的春季时令保健食谱

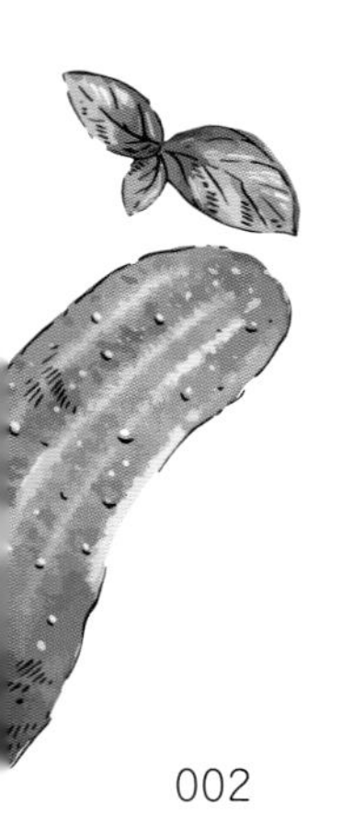

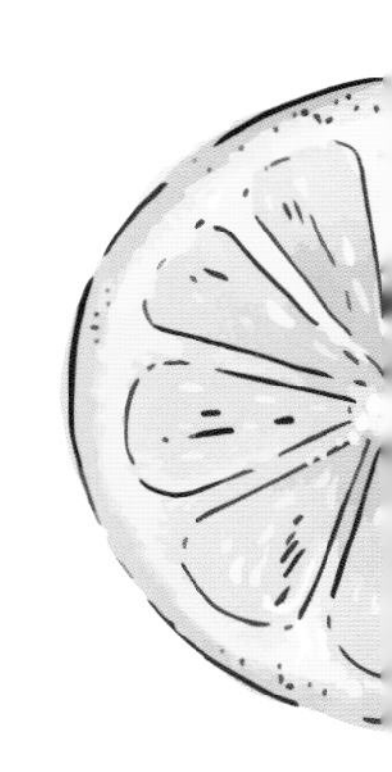

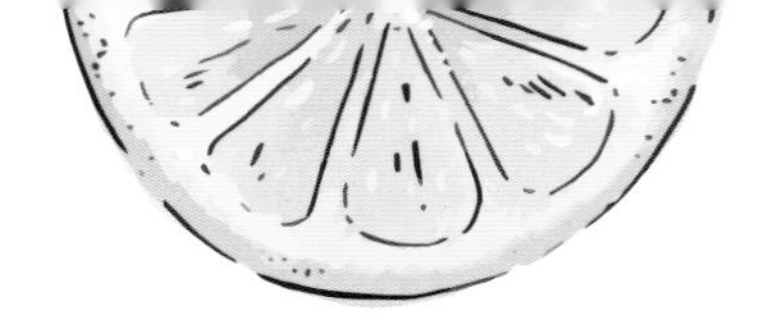

目 录 CONTENTS

Chapter 3 春暖花开，小儿养肝正当时

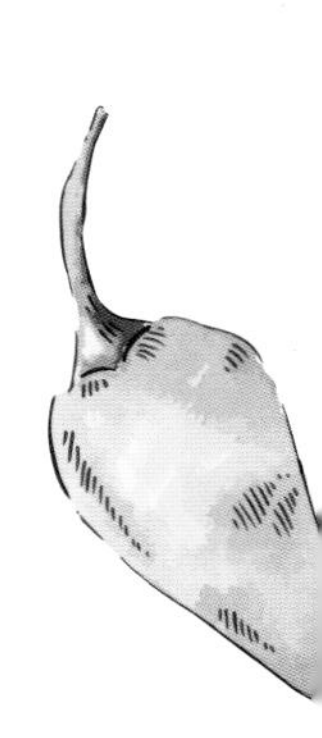
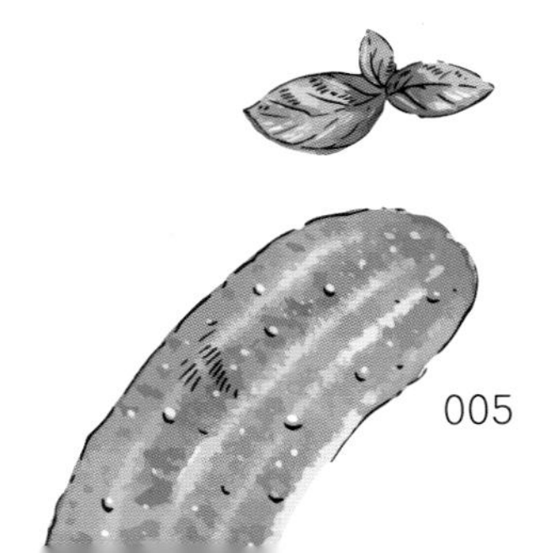

目 录 CONTENTS

Chapter 4 春季防病保健方案

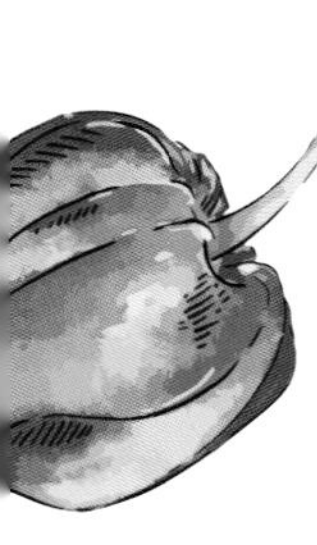

Chapter 1

小儿春季饮食调理

小儿春季食疗知识点

中医的精髓是顺势，即顺应四季的变化。顺时养生，天人合一，强调养生保健要顺应自然界的气候变化，与天地、阴阳保持协调平衡，使人体内外环境和谐统一。成人养生如此，小儿养生更是如此。这是因为小儿的各个器官，成而未全，全而未壮，家长能否顺时应势、因势利导，是孩子茁壮成长的关键。

春天，是万象更新的季节。《黄帝内经·素问》中写道：“春三月，此谓发陈。天地俱生，万物以荣。”意思也是说，春季是万物推陈出新、生机焕发的季节。阳气经过一个冬天的贮藏也开始生发了，孩子也是这样，且更为明显。春天属木，木曰曲直，指的就是生长、生发、调达、舒畅。表现在孩子身上，则是生机勃勃、发育迅速。

《黄帝内经》说“春主肝”，即肝脏在春季活动比较旺盛。春天到了，草木萌发生长，我们体内的阳气也会由冬天蛰伏于肾水之中的封藏状态，变为肝木之阳气升发的状态。随着气候越来越暖，肝气会越来越盛，孩子对这些季节的变化则更为敏感。

春主生。春季为万物生长之期，自然界阳气开始升发。但此时气候多变，直接影响人体的防御功能，抗病能力也会下降，尤其是婴幼儿机体的免疫功能尚未发育完善，所以受影响更大。另外，各种病原体，如细菌、病毒、支原体、衣原体等也开始大量繁殖，体质不佳时，病原体就会乘虚而入，小儿尤其需要注意。那么，在春季，家长要如何做才能养护好孩子，才能让孩子少生病、长高个呢？

春天养护的三个重点：健脾调肝祛湿

春天的两个典型特点：一是湿气重，一是肝火旺。

进入春天，南方湿气慢慢加重。“湿”是引发及恶化疾病的关键。古语云：“千寒易除，一湿难去。”春季整体气候潮湿阴冷，湿气会很容易渗透，湿气遇寒成为寒湿，遇热成为热湿，遇风成为风湿，湿气在皮下还会形成肥胖。中医认为，“湿”是引发及恶化疾病的关键。这也是为什么春季孩子感冒、扁桃体炎等疾病频发的原因。

春天又是肝气旺盛之时。肝气要条达，但是不能过亢。一旦过头了，肝木克脾土，肝气过于亢盛就会影响到脾，这对于本来就脾常不足的孩子来所说，在这个季节就更容易出现脾胃虚弱的情况，造成抵抗力下降，动不动就生病。

因此，春季的养护既要健脾，又要调肝，还要注意祛湿。

顺时应势，春天食补四原则

1.正确做好三餐调护

“省酸增甘，以养脾气。”春天人体新陈代谢旺盛，但因天气多变、空气湿度大，孩子的一日三餐宜以营养平均、多样化、易消化为原则，清淡为主，少吃油腻、生冷之品。

三餐：1岁后的孩子，家长在饮食喂养中要遵循“早中晚三餐吃饱吃好，晚餐后不吃或少吃”的原则。主食一般应选择粗粮、米粥、淡牛奶、蒸鸡蛋、面制品、鱼类、蔬果等。

饮水/茶：适当饮用温开水。还可以培养小孩喝茶的习惯，茶叶以半发酵的茶叶为宜，如铁观音、乌龙茶等，熟普洱、陈年红茶也可以。

2.适当补充维生素及微量元素

春天，细菌、病毒等微生物开始繁殖，活力增强，容易侵犯人体而致病，所以，在饮食上应摄取足够的维生素和无机盐。

补充维生素C：可以选择油菜、柿子椒、西红柿等新鲜蔬菜和柑橘、柠檬等水果，具有抗病毒作用。

补充维生素A：可以选择胡萝卜、苋菜等黄绿色蔬菜，具有保护和增强上呼吸道黏膜和呼吸器官上皮细胞的功能，可抵抗各种致病因素侵袭。

补充维生素E：富含维生素E的食物也应食用，以提高人体免疫功能，增强机体的抗病能力，这类食物有芝麻、青色卷心菜、菜花等。

3.多喝粥

春季降雨增多，湿气加重，湿邪困扰脾胃，所以，春季一定要注意对脾胃的养护，健脾利湿。唐代医学家孙思邈说“春时宜食粥”，提醒我们在春季应多喝粥。粥以米为主，以水为辅，水米交融，不仅香甜可口，便于吸收，还能补脾养胃，去浊生清。家长可多做百合莲子羹、胡萝卜山药粥、韭菜粥、黄芪红枣粥给孩子吃，帮助孩子在春季提高免疫力，有效预防疾病。

4.多吃食用菌

春季饮食应清淡一些，多吃蔬菜和一些食用菌，如黑木耳、银耳、蘑菇、香菇等。春季是病毒频繁出没的时节，很多病毒会乘虚进入孩子的体内，多食食用菌能增强孩子的抗病毒能力。但小孩的脾胃多虚寒，所以食用菌当以熟食为宜，并可加少量生姜、甜醋或陈皮。

春季，不要错过让孩子长高个的大好时机

春天来了，如何才能让孩子长高个呢？一说到长高，家长们第一时间就想到的肯定是补钙，但是，如果这么简单，还会有矮小的孩子吗？要让孩子“高人一等”，也没有什么秘诀，只要把握好时机，养护得当，就能让孩子长高个。

1.如何帮助孩子长高个

春天是肝气旺盛之时，肝木克脾土，肝气过于亢盛就会影响到脾，这对于本来就脾常不足的孩子来说，就更容易出现脾胃虚弱的情况。而肝肾同源，春天里孩子肝木的生发需要肾水之精的滋养，只有阳气充足、肾水之精充盈，孩子的肝木才能在春天生发旺盛。因此，在孩子阳气萌发的时候，要呵护好孩子阳气，就要顾护好肾水之精和肝木的条达，还要不忘脾土的温煦。所以，调理好肾、脾、肝，对孩子的生长生育尤为重要。

肾藏精，在体合骨，生髓。

肾是人体能量的大仓库，是储藏先天之精的器官。人体每一个阶段的机体生长发育状态，都取决于肾气和肾精的盛衰。肾更是孩子骨骼发育的“大主管”，调节骨和髓的生长。为什么有时

候补钙对孩子的发育效果不明显，就是由于这种调节的能力不足，钙质不能被吸收和发挥作用。而这一切都取决于肾的能力。

脾主运化，主四肢，在体合肉。

脾是生产能量的大机器，是人体后天合成和调度能量的器官。这个也是我多年临床经验的总结，顾护好孩子的脾，古人说它是后天之本，一点不为过。

脾主管肌肉和四肢的生长。很多孩子到了学龄阶段后，容易出现长个不长肉的情况，其实就是脾胃功能相对落后所致。

肝主疏泄，藏血，在体合筋。

肝是全身气机的协调者，因为它的协调，五脏才能协同。肝调畅气血津液的运行输布。协调脾胃的升降功能，各个器官才能很好地进行合作，各司其职，是生长发育中尤为关键的一环。

肝，在体合筋。筋是连接骨和肉的部分，在关节运动中有重要的作用。肝与春季相对应，春季是孩子生长发育最快的季节，肝在其中的疏通协调作用至关重要。

2.顺应春季特点，调理孩子脾、肾、肝

首先，要调理好孩子的消化状态。家长的首要任务就是调理孩子的消化，避免孩子积食。一旦积食，脾就容易出现状况，消化吸收系统不能良好运作。只有消化好、吸收好，吃进去的食物才能够被消化吸收，才能保证孩子的身体获得充足的养料。

消化好了，再进行食疗补脾益肾，适当补钙。给孩子补钙，比吃钙剂更好的方法是食疗。从日常饮食中来汲取钙剂和全面的营养，是最安全和最高效的。适合孩子的健脾益肾又含钙高的食物有板栗、芝麻、黑豆、海带、虾皮、桂花鱼、泥鳅等。除了补钙，也要吃一些应季的升发的蔬菜来帮助孩子成长，最适合的是清爽新鲜的芽菜和绿色蔬菜，因为冬天过后，最先钻出地面的，就是这些最娇嫩的芽苗，如春笋、香椿芽、荠菜等。这些嫩芽具有升发的特性，还能将在体内堆积了一整个冬天的积食郁热都清理掉。我给大家重点推荐两个应季的蔬菜，家长在春天可以交替着多做给孩子吃。一是豆芽。豆芽分为黄豆芽和绿豆芽。黄豆芽能补气养血，补脾消滞；绿豆芽则清肝泻火，清热明目。二是韭菜。韭菜性温，有健胃、温中散寒、提神、强肾等功效，最宜保养阳气。

保证孩子有充足的睡眠，最宜保养阳气。这个时期只要让孩子睡得好，正常饮食就会有不错的效果。让孩子睡得好，是指保证孩子在晚上9点前睡觉，因为睡眠1小时后才能进入深睡阶段，才会分泌生长素。1岁后的孩子宜戒掉夜奶，以保证睡整夜的睡眠质量；睡前喝奶、夜尿、开灯睡觉，这些都会影响深度睡眠。

多进行户外运动，多晒太阳。晒太阳有助于钙的合成，运动可以升发阳气，经常带孩子去公园散步，既心情舒畅，又能帮助生长，还能加快脾胃运动，对孩子体质的增强也大有裨益，一举多得。

专家推荐食疗方1

绿豆芽炒肉

材料：猪肉200克，绿豆芽100克。

做法：豆芽洗净；猪肉切丝，用适量酱油、盐、姜丝、淀粉腌一会儿；油入炒锅，烧热后放入肉丝，翻炒匀，放入洗好晾干的绿豆芽翻炒，加入适量盐炒匀即可。

功效：清凉滋养。作为日常食疗。

专家推荐食疗方2

土豆丝炒韭菜

材料：韭菜200克，土豆2个。

做法：土豆削皮切丝，清洗晾干装盘待用；韭菜洗净切段，装盘待用；锅内加适量油烧至七成热，放入土豆丝煸炒至七成熟，再放入韭菜继续翻炒几下即可。

功效：健脾温胃。作为日常食疗。

⊙ 春天，这样给孩子祛湿

前文中提到，春季的一个典型特点是湿气重，加上孩子脾常不足的特点，导致很多孩子在春季容易出现湿气重的问题。

湿气重有哪些危害呢？对孩子来说，湿气重最主要的危害在两方面：一是外感，湿邪伙同寒邪、热邪危害孩子健康；二是伤脾，脾最恶湿，脾有问题，抵抗力就会有问题。因此，要帮孩子健脾增强体质，就要懂得怎样祛湿。

当然，并不是每一个孩子在春季都会出现湿气重的问题，作为家长首先要了解如何判断孩子是否湿气重了。下面，我向大家简单介绍几种方法。

从体形上判断：肥胖的孩子湿气重的可能性很大。形体肥胖多为痰湿体质，如果加上性格内向、情志不畅，平时稍微一活动就喜欢出黏汗，嘴里常有黏腻的感觉，那就有可能长期湿气重，导致了痰湿体质。这类孩子的体质较差，要长期调理脾胃功能，适度运动。

从便便上判断：如果孩子的大便粘腻、软烂、挂壁、不容易被水冲走，我们称之为“便溏”，这也是近期体内有湿的表现。这时候就要控制饮食，再用祛湿的食疗辅助。

从舌苔判断：舌苔分为润和腻，舌苔润说明有津液上承，是好的表现。如果湿气重，就有一些特殊的表现。

舌苔水滑就是有湿。当机体阳气不足，不能运化水湿的时候，就会出现舌苔水滑。如果发现孩子舌面湿答答的，有很大的水汽，那就有可能是湿气；或者白腻苔铺满舌面，那也有可能是湿气。

齿痕舌就是有湿。如果发现孩子舌体胖大，舌边有齿印，这是长期的湿气重、脾虚湿盛的表现。

黄腻苔也有可能是湿气重。孩子舌苔厚腻，偏黄，多是因为湿浊内蕴遏制了阳气，湿浊内蕴化热，夹痰夹滞。这个时候如果不及时帮助消化，孩子很有可能会生病。助消化的同时配合理气燥湿，效果会更好。

如何帮助孩子有效祛湿？

常见的祛湿方法有健脾祛湿、健脾燥湿等。帮孩子祛湿，消积健脾是尤为关键的。脾胃强了，孩子就不容易生湿。平时要鼓励孩子多运动，一为发汗，将体内的湿邪糟粕排出；二是为了提升阳气，促进脾肾之阳的生长；三为调畅情志。

在这里，向大家推荐两味我用得最多能有效祛除湿气的药：陈皮和木棉花。

陈皮，是干燥成熟的柑橘果皮，

味苦、辛，性温，归肺、脾二经。具有理气健脾、燥湿化痰的功效。需要注意的是，陈皮性温，如果孩子有偏热的表现，比如舌尖比较红，或者有热咳的表现，那就不适用陈皮。如果孩子是寒性疾病，比如寒咳、有寒湿，那用陈皮就很对证。另外，不能给孩子大量长期使用陈皮。大量长期使用，反而会损耗孩子的正气。日常给孩子保健，比如泡陈皮水、煲汤、煲粥，1克足够了，最多不要超过2克，一周不超过3天。

木棉花，味甘、淡，性偏凉，入脾、肝、大肠经。具有清热解毒、祛湿的功效。如果孩子湿滞化热，用木棉花就很适合。木棉花偏凉，但其实并不是特别寒凉，祛湿力也不会太强大，比较温和、可以药食同源、适合小朋友食用，可以拿来和瘦肉或鲫鱼等煲汤，帮助孩子健脾祛湿。但家长也需要注意用量，一般一次5~10克，一周1次。3岁以上小朋友可以酌情食用，1~3岁的小朋友建议只喝汤不吃肉，避免给肠胃增加负担。另外，木棉花清热祛湿，小朋友本“儿为虚寒”，不耐寒凉之物，不能长期使用，久服容易伤阳。

此外，如果孩子有湿气，或者长期脾虚，以下这些食物就要少吃。性味寒凉的水果有：梨、香蕉、杨桃、橘子、李子、柚子、枇杷、草莓、竹蔗、柿子等。性味寒凉的蔬菜有：茭白、丝瓜、莴笋、白菜、蘑菇、黄瓜、竹笋、苦瓜、冬瓜、西洋菜、马齿苋等。性味寒凉的水产品有：田螺、海螺、螃蟹、蚬肉等。

专家推荐食疗方1

陈皮水

材料：陈皮1~2克。

用法：陈皮泡水服用，一周喝1~2次。

功效：燥湿健脾、理气护肝。

专家推荐食疗方2

木棉花瘦肉汤

材料：木棉花10克，瘦肉50克。

用法：上述食材共煲汤食用。

功效：健脾祛湿。

⊙ 春季适合进补吗？

很多家长认为，应该选择在冬季给孩子进补。这个观点并没有错，冬主藏，此时进补易于营养物质吸收蕴藏，不过这不代表其他季节不能进补，相反，有的时候却显得更为适宜，例如谷雨就是春季的进补好时机。

春季，肝木旺盛，脾衰弱。暮春，尤其是谷雨前后15天，脾逐渐进入旺盛时期。脾的旺盛会使胃强健起来，从而使消化功能处于旺盛的状态，消化功能旺盛有利于营养的吸收。所以，谷雨过后的1~2周是孩子健脾进补的好时机。帮孩子做好谷雨养生是孩子夏季健康的基础。

1.给孩子进补的三个重点

这个时候给孩子进补，家长须记住三个关键词：平补、健脾、祛湿。

平补：孩子的脏腑功能稚嫩，特别是脾常不足，家长在给孩子进补时，要密切关注孩子的脾胃消化能力，切忌急躁。给孩子进补，要做到甘平和缓，补血益气。

健脾：四季健脾不受邪，顾护好脾胃，是孩子健康的根本。谷雨时节，肝脏气伏，心气逐渐旺盛，脾气也处于旺盛时期，顺应天时，帮孩子健脾事半功倍。

祛湿：谷雨前后，天气渐热，气温升高，降水增多。这个时候比早春更加潮湿，湿邪容易侵入人体，因此，在孩子的饮食方面，也要重点注意祛湿。

2.给孩子进补的三个时期

孩子没有生病的时候。孩子生病或者有生病的迹象时，家长切忌给孩子进补。比如孩子有发烧、感冒咳嗽、流鼻涕等症状时，不适合进补。

孩子消化好的时候。只有在孩子消化好的情况下才能进补，任何情况下，家长对孩子的养护都要坚守这条原则。如果孩子消化不好，再喝汤吃肉就会增加脾胃负担，不仅没帮到孩子，反而容易生病。

不可天天喝。时刻顾护孩子的脾

胃和消化，进补也不可过于频繁，消化好的时候给孩子煲汤水，一周1~2次为佳，不能天天喝。

总之，谷雨过后，春夏交替，家长可以适当给孩子煲些补益的汤水。给孩子进补时要把握分寸，不能过量，以健脾祛湿为主，让孩子健康入夏。

专家提示：早餐后，花十秒钟检查孩子的消化情况，如果孩子口气清新、舌苔良好、大便正常、睡眠安稳，就可以适当给孩子进补了。

专家推荐食疗方

健脾祛湿汤

材料：土茯苓15克，白术10克，五指毛桃15克，芡实10克。

用法用量：煲汤或煲水喝都可以。以上是一人份。

功效：平补、健脾、祛湿。

春季常见病症的养护

⊙ 腹泻

腹泻即拉肚子，是儿童常见病，尤其在春季，病菌滋生，很多孩子容易患此疾病。腹泻虽然不算大病，但对孩子身体的伤害却不能忽视。因此，在春季，对孩子腹泻的防治十分重要。小儿泄泻一症，多因饮食不节、不洁，喂养不当，感受风寒，损伤脾胃，导致胃之受纳、脾之运化功能失调，水反为湿，谷反为滞，清浊不分并走于大肠所致。

1.孩子腹泻的四大原因

孩子饮食没有节制；吃了不干净的东西；家长喂养不当损伤了孩子的脾胃；孩子受了凉，感受了风寒。

2.正确养护方法

调整饮食，给孩子吃清淡易消化的食物。谨防脱水。如果孩子拉肚子，又吃不下东西，甚至还会导致脱水，后果非常严重了。家长要让孩子补充水分，比如喝粥水（放一点点盐），或者补液盐。腹部保暖。注意孩子腹部的保暖，避免腹部受凉使肠蠕动加快而加重腹泻。加强护理。小宝宝每次大便后，使用温水洗净臀部。玩具、餐具、用具都要及时清洗消毒。

专家推荐食疗方1

胡萝卜粥

材料：胡萝卜100克，大米50克。

用法用量：胡萝卜切丝，与大米一起煮成烂粥。分次服用。

功效：清热利湿，适用于湿热泻。

专家推荐食疗方2

蒸苹果

材料：熟透苹果1个。

用法：苹果洗净后放入碗中，隔水慢火清蒸1~2小时。一天1个，分次服用。3天为一疗程。

功效：养胃消滞、涩肠止泻，用于腹泻各型。

⊙ 湿疹

春季是湿疹高发的季节，一到春季，就会有很多家长问我关于“小儿湿疹”的问题。孩子嫩嫩的小脸上、身上长满了红色的丘疹，久久不下去，看着着实让人心疼。

婴幼儿湿疹在1~6个月大的婴儿中最为多见，是小儿常见的皮肤病，婴幼儿湿疹也就是我们常说的“胎毒”、“奶癣”。湿疹主要表现为小儿的面部、前胸、臀部可见大小不等、红色的丘疹或斑疹，有时融合成片，遇水、出汗会加重，而且容易反复出现。

观察消化状态。患儿的饮食要按需喂养，患儿如果有消化不良的情况，应及时进行治疗。

皮肤护理。要避免让有刺激性的物质接触孩子的皮肤，尤其是不能接触孩子的湿疹处，也不要在患处涂擦油脂丰富的护肤品。同时，切忌用碱性强的肥皂、热水清洗患处皮肤，肥皂和热水会伤害宝宝皮肤表面的油脂、刺激皮肤，使皮肤更加干燥。洗浴次数也不宜过多。

保持合适的室温。进入春季后天气逐渐变暖，如果室温过高，会使湿疹的瘙痒感加重，因此应保持适宜的室内温度。

注意服装材质。家长平时要给孩子穿松软、宽大的棉织品或细软布料的内衣，避免穿化纤织物，内、外衣均要忌羊毛织物及绒线衣衫。

避免接触其他病患。要避免小儿在患病期间与患有单纯性疱疹的人接触，以免感染其他皮肤病症。

湿疹患儿的饮食原则

（1）属于过敏体质或是已发病者，饮食宜清淡，清淡少盐的食物可以减少湿疹的渗出液。

（2）患干性湿疹的孩子要多喝水，多吃一些富含维生素A和维生素B的食物。

（3）忌吃海鲜、牛羊肉、狗肉等发物。

（4）忌吃膏粱厚味、甘肥滋腻、生湿助湿的食物。

（5）忌吃酸涩和辛辣刺激性食物。

（6）忌吃性属温热助火食物。

（7）忌吃油煎炒炸、炙烧香燥熏烤的食物。

⊙ 手足口病

每年春天的中后期到夏天是手足口病的高发期，且很容易传染，发病过程中孩子很痛苦，家长也不知道应该怎么护理，所以家长特别担心孩子染上手足口病。本节就来说一说家长应怎样预防孩子感染手足口病，以及一旦患病，应该怎么办。

1.简单认识手足口病

手足口病又名发疹性水疱性口腔炎，是由肠道病毒引起的传染病，感染部位是包括口腔在内的整个消化道。为什么叫手足口病呢？这是因为感染了该病的孩子，在手、脚、口腔甚至屁股和小腿上会出现皮疹或疱疹。这些皮疹不会有瘙痒感，病好之后就会逐渐消退。

感染了手足口病的孩子会出现发烧、腹痛等症状。由于口腔里有疱疹，疱疹破了形成溃疡面，孩子吞咽食物就会很痛，特别是小宝宝，东西吃不下，哭闹很厉害，所以更加难护理。实际上手足口病自古就有，是常见病，愈后良好，家长不用过度紧张。

2.如何预防手足口病

很多学校或者家长会用板蓝根、鱼腥草等煲水给孩子喝预防流感或手足口病，这其实是不可取的。孩子跟大人不同，大人有很多应酬、经常熬夜，很容易上火，适合用清热解毒来达到预防的目的。但孩子是“虚寒之体”，不适合喝这些清热解毒、寒凉的东西，孩子越喝脾胃功能越差，抵抗力越弱。

预防手足口病，最有效的方法是消

食导滞。要达到预防的目的，关键要保护好脾胃。孩子脾常不足，脾胃的功能很不成熟，很容易出现消化不良，出现积食。脾胃功能不足，抵抗力较弱，就容易患病。

3.如何养护好得快

首先要防止孩子抓破皮疹。勤帮孩子剪指甲，必要时可以给小宝宝戴上手套；屁股上有皮疹的小宝宝，拉便便后只用湿纸巾擦是不够的，要用清水洗干净，以保持臀部清洁干燥。

喂药喂水是最难的。孩子哭闹得厉害，这就需要家长发挥才智，让孩子喝药喝水。可以两个家长配合，或者辅助一些方法转移孩子的注意力。关键是水温不可太烫，否则孩子吞咽的时候更痛。比凉白开稍微温一点点，或者直接喝凉白开也可以。特别是给孩子喂了退热药后，家长更要注意给孩子喂水。

切忌给孩子“增加营养”。患了手足口病的孩子这个时候肠道功能很弱，加上吞咽痛苦，就更不想吃东西了。这个时候，切忌给孩子“增加营养”。有些家长看孩子饿了四五天，就煲各种肉汤想让孩子补充营养，尽快恢复体力，其实这是大错特错。如果这个时候“增加营养”，只会增加孩子肠胃的负担，孩子不仅好不了，反而会越来越严重。最好以素食为主，让肠道休息，孩子吃不下也不用强求。简单清淡一些的粥水就很好。

专家推荐食疗方1

米汤（病中调护）

材料：大米适量。

用法用量：将大米煮成烂粥，放温，取米汤，分次服用。

米汤是古时常用的一道食疗方，只是日常太过于普通，不受大家重视。患手足口病的孩子肠胃功能很弱，没有胃口，米汤本身很好消化，也可以及时补充一些电解质。这时候的米汤可以更稀一些，放温放凉给孩子喝，减少吞咽的疼痛感。

专家推荐食疗方2

蜂蜜水（病中调护）

材料：蜂蜜适量（1岁以下的孩子忌食蜂蜜）。

用法用量：温水冲服。

蜂蜜能帮助溃疡面愈合。及时补充水分，有助于孩子退烧和痊愈。

Chapter 2

营养、天然的春季时令保健食谱

菠菜

- 别名：赤根菜、鹦鹉菜、波斯菜。
- 性味：性凉、味甘、辛。
- 归经：归大肠、胃经。

营养成分

含蛋白质、脂肪、碳水化合物、维生素、铁、钾、胡萝卜素、叶酸、磷脂等。

食用价值

春季上市的菠菜有很好的解毒、防春燥的功效。中医认为菠菜性甘凉，能养血、止血、敛阴、润燥，对春季里常因为肝阴不足引起的头痛目眩、贫血等都有较好的治疗作用。且菠菜含有大量的植物粗纤维，具有促进肠道蠕动的作用，利于小儿排便，且能促进胰腺分泌，帮助小儿消化。另外，菠菜中所含的胡萝卜素，在人体内转变成维生素A，能维护正常视力和上皮细胞的健康，增加预防传染病的能力，促进儿童生长发育、增强抗病能力。

饮食宜忌：菠菜中丰富的草酸会影响人体对钙的吸收，因此，食用菠菜时宜先焯水，在去除草酸的同时，也能去掉菠菜本身的涩味。

选购保存

购买菠菜时，可根据外形、颜色来判断其质量优劣。（1）观外形：菠菜要用叶嫩小棵的，且保留菠菜根。挑选菠菜以菜梗红短、叶子伸张良好且叶面宽、叶柄短的为好。（2）看颜色：选购菠菜，以叶子翠绿色为最好，如叶部有变色现象，要予以剔除。

保存时用保鲜膜包好放在冰箱冷藏即可，一般在两天之内食用可以保证菠菜的新鲜。

菠菜烧卖

食材准备

中筋面粉 200克

菠菜汁 50克

豆沙馅 .... 适量

小贴士

做烧卖皮时，皮最好薄一些，容易熟且口感也会比较好。馅可以根据小孩的喜好搭配。比较适合作为幼儿早餐搭配牛奶食用，营养充分。

制作方法

1 将面粉、菠菜汁混在一起搅拌均匀，揉成软面团，醒10分钟左右，搓成长条，切成小剂子。

2 将小剂子压扁，擀成面片，中间放入少量豆沙馅，虎口收拢往中间捏紧成型。

3 放入煮好沸水的锅中，蒸20分钟左右至熟透即可。

菠菜豆腐汤

食材准备

菠菜……………………………………100克

豆腐……………………………………150克

水发海带………………………………150克

食用油、盐…………………………各适量

制作方法

1 将海带洗干净之后划成小块备用；将菠菜洗净切段；将豆腐用清水稍微洗一下后切成小方块备用。

2 清水入锅，水烧开，倒入切好的海带、豆腐拌匀，大火煮约2分钟。

3 倒入菠菜拌匀，略煮片刻至断生；加入少许油、盐，搅拌匀，煮至入味。

4 关火后盛出煮好的汤料即可食用。

小贴士

菠菜易熟，为避免影响其口感，宜在菠菜加入锅内片刻即可关火，口感更脆嫩。

菠菜糊

食材准备

菠菜..40克

水发大米..................................30克

制作方法

1 将菠菜择洗干净，切段备用；锅中注入适量清水烧开，放入菠菜段；焯煮片刻至其变软后捞出沥水；菠菜段放凉后切成碎末儿备用。

2 锅中注入适量清水烧开，放入洗净的大米，搅散；烧开后转小火煮约35分钟至稀饭；搅拌均匀关火后盛出；稀饭装入碗中，加入菠菜碎末儿搅拌匀，调成菠菜粥。

3 将菠菜粥倒入榨汁机中榨汁，即成菠菜糊，冷却后即可食用。

此道菠菜汁营养丰富，小儿补铁必选，但不可过量食用。

菠菜炒鸡蛋

食材准备

菠菜……50克
鸡蛋……1个
盐……1克
食用油……适量

制作方法

1 洗净的菠菜切成段；鸡蛋打入碗中，加适量盐搅拌均匀。

2 炒锅注油，加入蛋液，翻炒至熟，用锅铲搅散，盛出待用。

3 另起锅，注油烧热，倒入菠菜拌炒至熟；加盐炒匀，倒入鸡蛋炒匀。

4 关火，将炒好的食材盛入碗中。

小贴士

本道菜的烹饪时间不宜过长，以免营养成分流失，影响口感。

扫一扫
美味跟着学

食材准备

菠菜……………………………………100克

芝麻……………………………………适量

盐、芝麻油……………………………各适量

制作方法

1 洗好的菠菜切成段。

2 菠菜焯水，沥干，装碗。

3 在碗中撒上芝麻，加入盐、芝麻油，搅拌至入味即可。

汆好水的菠菜一定要沥干，以免水分太多影响口感。

胡萝卜

- 别名：红萝卜、金笋、丁香萝卜。
- 性味：性平，味甘、涩。
- 归经：归心、肺、脾、胃经。

营养成分

含蛋白质、脂肪、碳水化合物、胡萝卜素、B族维生素、维生素C。

食用价值

胡萝卜既是菜，也是重要的食疗补品，素有“小人参”之称，对肠胃不适、便秘、夜盲症、麻疹、百日咳、小儿营养不良等有良好的食疗作用。

胡萝卜中的胡萝卜素能有效预防春季花粉过敏症、过敏性皮炎等过敏反应；胡萝卜能预防夜盲症、加强眼睛的辨色能力，也能减少眼睛疲劳与眼睛干燥。眼睛近视的孩子，一定要多吃胡萝卜；体内缺乏维生素A是春季患呼吸道感染性疾病的一大诱因，维生素A缺乏还会降低人体的抗体反应能力，导致免疫功能下降，而胡萝卜肉质根富含蔗糖、葡萄糖、淀粉、胡萝卜素以及钾、钙、磷等，食用后经肠胃消化分解成维生素 A，因此十分适合在春季食用。

饮食宜忌： 需要注意的是，脾胃功能不好的幼儿不宜多食。

选购保存

购买胡萝卜时以根粗大、心细小，质地脆嫩、外形完整为准。另外，表面光泽、感觉沉重也是品质较好的重要标准。

将胡萝卜汆水后放凉，用容器保存，冷藏可保鲜5天，冷冻可保鲜2个月左右。

菠菜胡萝卜蛋饼

食材准备

菠菜……80克
胡萝卜……100克
鸡蛋……2个
面粉……90克
葱花……少许
盐……3克
食用油……适量

制作方法

1 将去皮洗净的胡萝卜切成粒，择洗干净的菠菜切成粒。

2 在锅中注入适量清水烧开，加入少许盐、食用油，倒入切好的胡萝卜、菠菜，搅匀，煮半分钟，至其断生，捞出，沥干水分，备用。

3 将鸡蛋打入碗中，放入少许盐，打散调匀。将胡萝卜和菠菜倒入蛋液中，加入葱花和面粉，搅拌均匀。

4 在煎锅中倒入适量食用油烧热，倒入混合好的蛋液，用小火煎至蛋饼成型，翻面，煎至两面呈金黄色即可。

苹果胡萝卜泥

食材准备

苹果……100克

胡萝卜……100克

白糖……10克

制作方法

1 将去皮洗净的苹果切瓣，去核，改切成小块；将洗好的胡萝卜切成丁。

2 把苹果、胡萝卜块分别装入盘中，放入烧开的蒸锅中，盖上盖，用中火蒸15分钟至熟。

3 将蒸熟的胡萝卜丁、苹果块取出，放入榨汁机中，加入白糖，把胡萝卜和苹果搅打成果蔬泥即可。

小贴士

苹果、胡萝卜质地比较硬，宝宝可能不易食用，把它们蒸熟榨成泥状，既满足了宝宝的口感，也更利于吸收。

胡萝卜鸡肉茄丁

食材准备

去皮茄子……100克
鸡胸肉……200克
胡萝卜……95克
蒜片、葱段……各少许
盐……2克
白糖……2克
胡椒粉……3克
蚝油……5克
生抽、水淀粉……各5毫升
料酒……10毫升

制作方法

1 将茄子、胡萝卜、鸡胸肉分别切丁装碗，加少许盐、料酒、水淀粉、食用油，拌匀，腌10分钟。

2 加油起锅，倒入鸡肉丁翻炒2分钟至转色，盛出。另起锅注油，倒入胡萝卜丁、茄丁，放入葱段、蒜片，炒匀至食材微熟；加入料酒，注入清水，加入盐搅匀，加盖，用大火焖15分钟至食材熟软。

3 倒入鸡肉丁，加蚝油、胡椒粉、生抽、白糖，炒1分钟至食材入味即可。

小贴士

鸡肉丁初步炒好盛出时，可用厨房吸油纸吸走多余的油分，减少油腻感。

胡萝卜豆浆

食材准备

胡萝卜……25克

水发黄豆……50克

小贴士

将胡萝卜先焯水再打浆，这样能减轻胡萝卜本身的味道。

制作方法

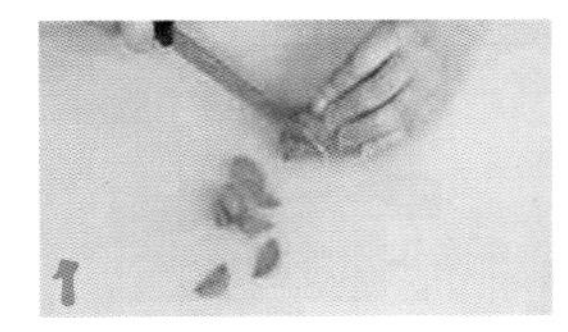

洗净的胡萝卜切成滚刀块，备用。

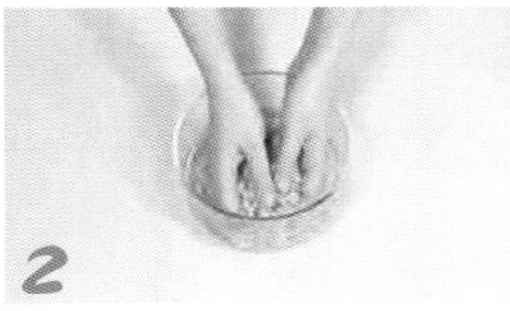

将已浸泡8小时的黄豆倒入碗中，注入适量清水，用手搓洗干净。

把洗好的黄豆倒入滤网，沥干水分。

将备好的胡萝卜、黄豆倒入豆浆机中。

注入适量清水，至水位线即可。

盖上机头，开始打浆约15分钟即可。

将豆浆机断电，取下机头。

滤取豆浆，将滤好的豆浆倒入杯中即可饮用。

韭菜

- 别名：起阳草、懒人菜、长生韭、壮阳草。
- 性味：性温，味甘、辛。
- 归经：归肾、肝经。

营养成分

含蛋白质、脂肪、碳水化合物、膳食纤维、维生素A、维生素B_1、维生素B_2、维生素C、维生素E、烟酸、钙、镁、铁、锌、铜、钾、钠、磷、硒。

食用价值

韭菜含有挥发性精油及硫化物等特殊成分，散发出一种独特的辛香气味，有助于疏调肝气，增进食欲，增强消化功能。韭菜的辛辣气味有散瘀活血，行气导滞作用，适用于跌打损伤、反胃、肠炎、吐血、胸痛等症。韭菜含有大量维生素和粗纤维，能增进胃肠蠕动，有治疗便秘、预防肠癌的效果。

韭菜以春天吃最好。春季常吃韭菜，可增强人体脾胃之气，对肝脏也有益处。初春时节的韭菜品质最好。

饮食宜忌：韭菜性热，不易消化，故一次不应吃太多，可在孩子消化状态好的时候食用。

选购保存

韭菜以叶肉肥厚，叶片挺直，叶色鲜嫩、翠绿有光泽，不带烂叶、折叶、黄叶、干尖，无斑点的为好。

新鲜韭菜洗净切段，沥干水分，装入塑料袋后放入冰箱，可保存2 个月。

韭菜豆渣饼

食材准备

鸡蛋……2个
韭菜……100克
豆渣……90克
玉米粉……50克
盐……3克
食用油……适量

制作方法

1 将洗净的韭菜切成粒。

2 用油起锅，倒入切好的韭菜，炒至断生；放入备好的豆渣，炒香、炒透；加入少许盐，炒匀，盛出待用。

3 将鸡蛋打入碗中，加少许盐，搅散；接着放入炒好的食材，搅拌均匀；再撒入玉米粉调匀，制成豆渣饼面糊。

4 在煎锅中注入少许食用油，倒入调好的面糊，摊开、铺匀，用中小火煎至两面熟透、呈金黄色即可。

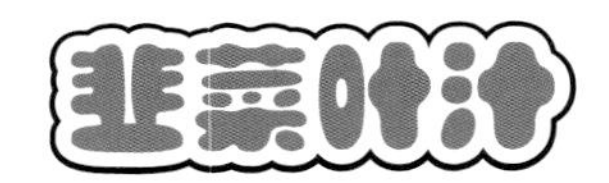

韭菜叶汁

食材准备

韭菜……………………………………90克

制作方法

1 将洗净的韭菜切成段。取榨汁机，倒入韭菜段和少许清水，榨取韭菜汁。

2 倒出韭菜汁，滤入碗中，待用。

3 将砂锅置于火上，倒入韭菜汁，搅拌均匀，用大火煮1分钟至汁液沸腾即可。

小贴士

在过滤韭菜汁时，可以用勺子稍微搅拌缩短过滤时间。

韭菜炒鸡蛋

食材准备

韭菜……60克

鸡蛋……1个

盐……2克

食用油……适量

制作方法

1 将洗好的韭菜切成约3厘米长的段；鸡蛋打入碗中，加入少许盐搅散。

2 热锅注油，倒入鸡蛋液炒熟，盛出待用。

3 在锅中再次倒入适量食用油，倒入韭菜翻炒半分钟，加入盐炒匀，再倒入炒好的鸡蛋，翻炒均匀即可。

4 关火，将炒好的食材装碗即可。

韭菜易熟，故入锅翻炒的时间不宜太长，否则就会失去韭菜鲜嫩的口感。

韭菜鸭血汤

食材准备

鸭血……300克
韭菜……150克
盐……2克
芝麻油……3毫升
姜片……少许

制作方法

1. 将洗净的鸭血切成大小一致的片，洗好的韭菜切成小段。
2. 往锅中注入适量清水烧开，倒入鸭血，略煮片刻，捞出，沥干水分，待用。
3. 往锅中注入适量清水烧开，倒入姜片、鸭血，加入少许盐，搅匀。放入韭菜段，淋入少许芝麻油，搅匀即可。

煮血鸭的时间不宜过长，以免煮老影响口感。

韭菜鲜肉水饺

食材准备

韭菜……70克
肉末……80克
饺子皮……90克
盐……3克
生抽……5毫升
葱花……少许
食用油……适量

制作方法

1 将洗净的韭菜切碎；往肉末中倒入韭菜碎、葱花，撒上盐，淋上食用油、生抽，搅拌匀，制成馅料。

2 备好一碗清水，用手指蘸上少许清水，在饺子皮边缘涂抹一圈，往饺子皮中放上少许馅料，将饺子皮对折，两边捏紧。剩下的饺子皮采用相同的做法制成饺子生坯，放入盘中待用。

3 锅中注入适量清水烧开，放入饺子生坯，待其再次煮开，搅拌片刻，再煮3分钟。加盖，用大火续煮2分钟，至其上浮。揭盖，捞出装盘。

小贴士

取适量的肉馅包入饺子皮中，捏制时一定要按压紧实，否则在煮的过程中容易露馅。

豌豆

- 别名：胡豆、雪豆、寒豆。
- 性味：性平，味甘。
- 归经：归脾、胃经。

营养成分

含蛋白质、碳水化合物、膳食纤维、维生素B_1、维生素B_2、烟酸、维生素A、维生素C、锰、维生素E、胆碱、胡萝卜素、钙、铁、锌、钾、镁、磷等。

食用价值

豌豆是一种时令性非常强的食材，三四月份上市。豌豆含有丰富的维生素A原，它可在体内转化为维生素A，具有润泽皮肤的作用。豌豆中富含人体所需的各种营养物质，尤其是含有优质蛋白质和人体所需的多种氨基酸，可以提高机体的抗病能力，十分适合儿童食用。豌豆中富含大量的胡萝卜素，对视力非常有益，尤其是经常用眼的儿童。豌豆中还富含粗纤维，能促进大肠蠕动，保持大便通畅，起到清洁大肠的作用。因豌豆豆粒圆润鲜绿，十分好看，也常被用来作为配菜，以增加菜肴的色彩，增进食欲。

饮食宜忌：炒熟的干豌豆极不易消化，过食会引起消化不良、腹胀等。

选购保存

选购豌豆时可根据颜色、软硬度等来判断。①看颜色：剥开豌豆的表皮，新鲜豌豆的肉和外层一样是鲜绿色的，而染过色的老豌豆，豆肉颜色略微发白，有别于外层颜色。②捏捏豌豆的硬度：老豌豆质地比新鲜豌豆更硬一些，用手捏碎豌豆，新鲜豌豆的两瓣豆肉不会明显分开，而老豌豆的两瓣豆肉会自然分开。

买回来的豌豆未清洗可直接放冰箱冷藏，剥好的豌豆适宜冷冻。

豌豆饭

食材准备

水发大米……………………………150克
豌豆……………………………………100克
竹笋……………………………………100克
咸肉……………………………………150克
彩椒………………………………………15克
食用油…………………………………适量

制作方法

1 将洗净去皮的竹笋切成小块，将洗净的彩椒切成小块，将咸肉切成肉丁。

2 锅中注入适量清水烧热，倒入竹笋，煮5分钟，再倒入洗净的豌豆，煮至断生，捞出，沥干水分，待用。

3 将砂锅置于火上，淋入少许食用油，倒入咸肉，再放入焯过水的豌豆、竹笋，搅拌匀；加入适量清水，倒入洗净的大米，盖上盖，煮开后用小火煮30分钟；揭盖，放入彩椒；盖上盖，继续用小火焖5分钟即可。

豌豆小米豆浆

食材准备

豌豆……………………………………50克

小米……………………………………50克

制作方法

1 将豌豆倒入碗中，再放入小米，加入适量清水，搓洗干净后沥干。

2 把洗好的食材倒入豆浆机中，注入适量纯净水，打浆。待豆浆机运转约15分钟，即成豆浆。

3 把豆浆倒入滤网，滤取豆浆。

小贴士

小米吸水性较强，打浆时可多加点水。

豌豆糊

食材准备

豌豆……………………………………120克

鸡汤……………………………………200毫升

制作方法

1 往汤锅中注入适量清水，倒入洗好的豌豆，盖上锅盖，烧开后用小火煮15分钟。捞出煮好的豌豆，沥干水分，待用。

2 取榨汁机，倒入豌豆，倒入100毫升鸡汤，榨取豌豆鸡汤汁，盛出，待用。

3 将剩余的鸡汤倒入汤锅中，再加入豌豆鸡汤汁，用锅勺搅散，用小火煮沸即可。

将榨好的豌豆鸡汤汁过滤一遍后再煮制，口感会更滑腻。

豌豆炒牛肉粒

食材准备

牛肉……………………………………200克
彩椒………………………………………20克
豌豆……………………………………250克
姜片………………………………………少许
盐、鸡粉…………………………………各2克
料酒……………………………………2毫升
水淀粉…………………………………10毫升
食用油……………………………………适量

制作方法

1. 将彩椒切丁；牛肉切粒装碗，加适量盐、料酒、水淀粉，淋入少许食用油拌匀，腌15分钟。
2. 锅中注水烧开，倒豌豆，加盐、油搅拌匀，煮约2分钟；倒入彩椒搅煮至断生。捞出食材，沥水待用。
3. 热锅注油，倒入腌好的牛肉，搅匀，捞出，沥干油，待用。
4. 油起锅，爆香姜片，倒牛肉炒匀；再倒豌豆、彩椒炒匀；加少许盐、鸡粉、料酒、水淀粉，炒匀即可。

小贴士

腌牛肉时，放入少许水淀粉搅拌匀，可使牛肉粒更有韧性。

食材准备

猪肝……200克

豌豆……80克

盐……2克

料酒……4毫升

水淀粉……适量

姜片……少许

制作方法

1 将处理干净的猪肝切片，装入碗中，加入盐、料酒、水淀粉，搅拌匀，备用。

2 锅中注入适量清水烧开，放入姜片，倒入豌豆，加入适量盐，用大火略煮片刻。

3 倒入备好的猪肝，搅拌片刻，撇去浮沫，煮至食材熟透即可。

猪肝不宜煮太久，以免煮老影响口感。

油菜

- 别名：寒菜、胡菜、苦菜、瓢儿菜。
- 性味：味辛，性偏凉，无毒。
- 归经：归肝、肺、脾经。

营养成分

含叶酸、胡萝卜素、维生素A、维生素C、维生素E、蛋白质、膳食纤维、各种矿物质等。

食用价值

油菜是春季常见的蔬菜之一，脂肪含量少，含有丰富的膳食纤维，有很好的通便作用，富含胡萝卜素和维生素等营养成分，有助于增强机体免疫力，也有很好的补水、滋润功效。油菜还能增强肝脏的排毒机制，对皮肤疮疖、乳痈有治疗作用。油菜所含钙量在绿叶蔬菜中最高，适合正处于生长发育期的儿童食用；还含有能促进眼睛视紫质合成的物质，能起到明目的作用。

饮食宜忌：目疾患者、小儿麻痹后期、狐臭等慢性病患者慎食。

选购保存

在挑选油菜时，应该注意以下几点。①叶子：油菜的叶子一般以短的较好，口感软糯，而长的相对差一些。②颜色：油菜的叶子颜色有淡绿、深绿之分，一般淡绿的质量、口感都很好。最好不要选特别鲜嫩的油菜，因为可能是农药残留超标。③外表：油菜的外表以新鲜、油亮、无虫、无黄叶为好。④轻掐：用两指轻轻掐油菜，如果一掐即断，则为嫩油菜。

同其他绿叶蔬菜相比，油菜可以保存的时更长间。冷藏的时候，用潮湿的纸将油菜包裹好，放入冰箱内呈竖直状态摆放，但也不宜贮藏过久。

青菜丸子

食材准备

油菜……200克

姜片……5克

盐、水淀粉、生粉……各适量

小贴士

炸制菜丸时要注意控制火候，以浸炸的方式为佳，炸的时间不宜过长。捞出后最好用厨房专用吸油纸将油吸干。

制作方法

1. 将洗净的油菜切成四等份长条；在锅中注水烧开，加油、盐，倒入油菜，煮至断生，捞出沥水，放凉，放在干净的毛巾内，挤干水分。
2. 把油菜装碗，加姜末、盐，拌匀，撒生粉，搅拌匀揉成团，再揉成丸子，装盘备用。
3. 热锅注油，烧至五成热，放入青菜丸子，炸约1分钟至熟，捞出，沥干油分。
4. 锅底留油，加入少许清水，放入适量盐，煮沸，再倒入水淀粉，调匀制成芡汁。青菜丸装盘，浇上芡汁即可。

油菜水

食材准备

油菜……………………………………40克

制作方法

1 将洗净的油菜切小块。

2 往锅中注入适量清水烧开，倒入切好的油菜，搅拌匀。

3 盖上盖，烧开后用小火煮约10分钟至熟。

4 关火，将油菜水装入碗中。

先将油菜汆煮片刻，可去除菜腥味。

油菜苹果柠檬汁

食材准备

油菜……………………………………50克
苹果……………………………………100克
柠檬汁…………………………………适量

制作方法

1 将洗净的苹果去核，切成小块；将洗净的油菜切碎，放入开水锅中汆煮片刻，捞出，沥干水分，待用。

2 备好榨汁机，倒入所有的食材，加入少许凉开水。

3 盖上盖，榨成蔬果汁。

加水量不宜太多，以免冲淡蔬果汁的味道。

油菜猕猴桃柚汁

食材准备

油菜……………………………………50克

去皮猕猴桃……………………………50克

葡萄柚…………………………………50克

制作方法

1. 将去皮的猕猴桃切块；洗净的油菜切小段；葡萄柚去皮取果肉，切块。
2. 将油菜放入开水锅中汆煮片刻，捞出，沥干水分，待用。
3. 将所有的食材倒入榨汁机中，注入100毫升凉开水，榨成果蔬汁。

小贴士

先将油菜汆煮片刻，可去除菜腥味。该食谱性凉，不可多饮。

虾菇油菜心

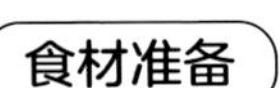

油菜……………………………………100克

鲜香菇 ………………………………60克

虾仁……………………………………50克

姜片、葱段、蒜末……………… 各少许

盐、料酒 ……………………………各2克

水淀粉、食用油 ………………… 各适量

制作方法

1 将洗净的香菇切成小片；洗净的虾仁由背部划开，去除虾线，把虾仁装在小碟子中，放入少许盐、水淀粉，搅拌匀，再注入适量食用油，腌渍约10分钟至入味。

2 锅中注入适量清水烧开，放盐，倒入洗净的油菜，煮约1分钟至断生，捞出，沥干水分；再放入香菇，煮约半分钟，捞出，沥干水分，待用。

3 用油起锅，放入姜片、蒜末、葱段爆香；倒入香菇、虾仁，翻炒匀；淋入少许料酒，翻炒片刻至虾身呈淡红色，加入盐，翻炒至食材熟透。

4 取盘，将食材摆好即可。

油菜的根部最好切开后再焯水，这样可以去除根部的涩口味道。

莴笋

- 别名：青笋、莴苣笋、莴菜、香莴笋、千金菜、莴苣菜。
- 性味：性凉，味甘。
- 归经：归经胃、大肠经。

营养成分

含蛋白质、脂肪、碳水化合物、膳食纤维、维生素B_1、维生素B_2、维生素C、维生素A、维生素E、胡萝卜素、钙、镁、锌、铜、钾、磷。

食用价值

莴笋是春天的黄金菜。莴笋味道清新，略带苦味，可刺激消化酶分泌，增进食欲。其乳状浆液，可增强胃液、消化腺的分泌和胆汁的分泌，从而促进各消化器官的功能，对消化功能减弱、消化道中酸性降低和便秘的病人尤其有益。莴笋含有多种维生素和矿物质，具有调节神经系统功能的作用，其所含有机化合物中富含人体可吸收的铁元素，对有缺铁性贫血病人十分有利。莴笋还含有大量植物纤维素，能促进肠壁蠕动，通利消化道，帮助大便排泄，可用于治疗各种便秘。莴笋非常适合老人和生长发育时期的儿童食用。

饮食宜忌：多动症，患眼病、脾胃虚寒、腹泻便溏儿童不宜食用。一般人也不宜过量或是经常食用莴笋，否则会发生头昏嗜睡的中毒反应，诱发夜盲症或其他眼疾。

选购保存

挑选莴笋时可以通过看外表、掂茎秆、看横切面判断。外表不弯曲、大小整齐、没有烂叶、不抽薹的莴笋，品质比较好。皮比较薄、水分充足、笋条没有蔫萎的也是好莴笋。若莴笋的腰杆柔软，枯萎发黄，说明水分流失多，不新鲜。另外，空心的莴笋口感较差，不要选。

莴笋拌西红柿

食材准备

莴笋……150克
西红柿……200克
蒜末、葱花……各少许
盐……3克
白糖……2克

制作方法

1 将去皮、洗净的莴笋切成小块。

2 锅中注水烧开，放入西红柿，烫煮约1分钟至皮变软，捞出，待用；把莴笋倒入锅中，煮约2分钟至熟，捞出，沥干水分，待用；将煮过的西红柿剥去外皮，切成小块。

3 取碗，倒入莴笋、西红柿，再倒入蒜末、葱花，加入盐、白糖，用筷子搅拌匀，使其入味即可装盘。

山药莴笋粥

食材准备

山药……40克
莴笋……50克
大白菜……30克
水发大米……100克

小贴士

莴笋脆嫩爽口，不宜煮制过久，而且不能放太多盐，以免影响成品口感。

制作方法

1. 将去皮、洗净的莴笋、山药切成粒，洗净的大白菜切成小块。
2. 砂锅中注水烧开，倒入大米，搅拌均匀，盖上盖，煮沸后转小火续煮30分钟至大米熟软；揭盖，放入切好的山药、莴笋、大白菜，搅拌匀。
3. 盖上盖，用小火煮10分钟至食材熟透。
4. 揭盖，加入盐，搅拌匀即可。

莴笋炒百合

食材准备

莴笋……150克
洋葱……80克
鲜百合……60克
盐……3克
水淀粉、食用油、芝麻油……各适量

制作方法

1 将去皮洗净的洋葱切小块，洗好去皮的莴笋切小片。

2 锅中注水烧开，加入少许盐、食用油，倒入莴笋片，略煮片刻，放入洗净的鲜百合，再煮约半分钟，至食材断生后捞出，沥干水分，待用。

3 用油起锅，放入洋葱，用大火炒出香味，再倒入焯过水的食材，炒匀。加入盐，炒匀，倒入适量水淀粉勾芡，淋入少许芝麻油，快速翻炒至食材熟软即可。

柠檬苹果莴笋汁

食材准备

柠檬……70克
莴笋……80克
苹果……150克
白糖……适量

制作方法

1 将洗净的柠檬切成片，洗净去皮的莴笋切成丁，洗好的苹果去皮、去核后切成小块。

2 取榨汁机，倒入切好的苹果、柠檬、莴笋。

3 加入白糖，倒入少许温开水，盖上盖，榨成蔬果汁。

小贴士

莴笋含有较多的粗纤维，切成小块口感会更好。

食材准备

莴笋……120克

秀珍菇……60克

红彩椒……15克

盐……2克

水淀粉、食用油……适量

制作方法

1 将洗净去皮的莴笋切段，对半切开，再切成斜刀片；洗好的秀珍菇切成小块；洗净的红彩椒切小块。

2 用油起锅，倒入秀珍菇，拌炒片刻；倒入莴笋、红彩椒，翻炒均匀，加入少许清水，炒匀，至全部食材熟软。

3 放入适量盐炒匀，倒入少许水淀粉，快速翻炒，使其裹匀芡汁，装盘即可。

烹调莴笋时，要少放盐，否则会影响其口感。

芹菜

- 别名：蒲芹、香芹。
- 性味：性凉，味甘、辛。
- 归经：归肺、胃经。

营养成分

含蛋白质、膳食纤维、维生素A、维生素C、维生素P 、钙、铁、磷等。

食用价值

芹菜是高纤维食物，经肠内消化会产生木质素或肠内脂物质，这类物质是一种抗氧化剂，高浓度时可抑制肠内细菌产生的致癌物质。常吃些芹菜有助于清热解毒、去病强身，春季孩子的肝火比较旺，可以适当多吃些。芹菜含铁量较高，而婴幼儿容易出现缺铁性贫血，适当吃芹菜，有利于改善缺铁性贫血。

饮食宜忌：芹菜性凉质滑，脾胃虚寒、大便溏薄者不宜多食。

选购保存

选购芹菜有三招。①看外表：选购芹菜时，梗不宜太长，20～30厘米为宜，短而粗壮的为佳，菜叶要翠绿、不枯黄。②看菜叶：新鲜的芹菜叶是平直的，而存放时间较长的芹菜，叶子尖端会翘起，叶子软，甚至会发黄、起锈斑。另外，叶色浓绿的芹菜不宜买，因为这类芹菜含粗纤维多，口感老。③掐芹菜：挑选芹菜时，可以掐一下芹菜的茎部，易折断的为嫩芹菜，不易折断的为老芹菜。

贮存时用保鲜膜将茎叶包严，根部朝下，竖直放入水中，水没过芹菜根部5厘米，可保持一周内不老不焉。

芹菜炒黄豆

食材准备

熟黄豆 ………………………………… 220克
芹菜梗 ………………………………… 80克
胡萝卜 ………………………………… 30克
盐 ……………………………………… 3克
食用油 ………………………………… 适量

制作方法

1 将洗净的芹菜梗切成粒，洗净去皮的胡萝卜切成丁。

2 锅中注水烧开，加入少许盐，倒入胡萝卜丁，煮约1分钟，至其断生，捞出，沥干水分，待用。

3 用油起锅，倒入切好的芹菜，翻炒至其变软；再倒入焯过水的胡萝卜丁，放入熟黄豆，快速翻炒片刻；加入适量盐，炒匀调味，装盘即可。

芹菜苹果汁

食材准备

苹果......100克

芹菜......90克

白糖......7克

制作方法

1 将洗净的芹菜切成粒；洗净的苹果去核，切成小块。

2 取榨汁机，倒入切好的食材。

3 加入白糖，注入少许温开水，盖上盖，榨取蔬果汁。

白糖在果汁中不易化开，搅拌的时间可以长一些，以便其能充分溶化。

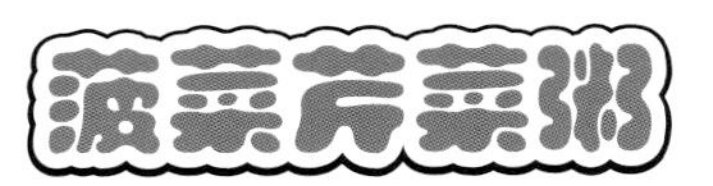

菠菜芹菜粥

食材准备

水发大米……130克
菠菜……60克
芹菜……35克
生姜……5克

制作方法

1 将洗净的菠菜切小段，洗好的芹菜切丁。

2 砂锅中注水烧开，放入洗净的大米，搅拌匀，盖上盖，烧开后用小火煮约35分钟，至米粒变软。

3 揭盖，倒入切好的菠菜，搅拌匀；再放入芹菜丁，搅拌匀，煮至断生即可出锅。

小贴士

建议菠菜切好后焯煮片刻，这样能去除草酸，更有利于健康。

芹菜炒蛋

食材准备

芹菜梗 40克

鸡蛋 1个

盐 .... 少许

食用油 .... 适量

制作方法

1、将洗净的芹菜梗切成丁。

2、鸡蛋打入碗中，加入少许盐，打散，制成蛋液，待用。

3、用油起锅，倒入芹菜丁，翻炒至其变软；加入少许盐，翻炒至其入味。再倒入蛋液，用中火略炒片刻，至食材熟透。

4、关火，将炒好的食材盛碗即可。

芹菜梗口感鲜嫩，炒制时宜用大火快炒。

扫一扫
美味跟着学

凉拌嫩芹菜

食材准备

芹菜……80克
胡萝卜……30克
葱花、蒜末……各少许
盐……3克
芝麻油……5毫升
食用油……适量

制作方法

1 将洗好的芹菜切成小段，去皮洗净的胡萝卜切成细丝。

2 锅中注水烧开，放入食用油、盐，再下入胡萝卜、芹菜，搅拌匀，煮约1分钟至食材段断生，捞出，沥干水分，待用。

3 将沥干水分的食材放入碗中，撒上蒜末、葱花，加入盐，淋入少许芝麻油，搅拌至食材入味。

胡萝卜肉质较硬，烹饪时可将胡萝卜先入水煮片刻，再下入芹菜，这样可使食材的口感一致。

香椿

- 别名：山春、虎木树、虎眼、椿花、香椿头。
- 性味：性凉，味苦、涩。
- 归经：归肺、胃、大肠经。

营养成分

含大量蛋白质、糖类、维生素A、维生素B、维生素C、胡萝卜素以及大量挥发油和磷、锌、铁等矿物质。

食用价值

香椿是时令名品，含香椿素等挥发性芳香族有机物，有利于促进唾液和胃酸的分泌，可健脾开胃、增加食欲、促进视力。香椿中含有丰富的维生素C，可以增强白细胞吞噬病毒的能力，同时维生素A可以抑制自由基，具有增强抵抗力的作用。香椿中含有丰富的锌元素，是维持身体发育的重要金属离子，儿童食用可以促进身体发育。香椿中含有丰富的钙、镁、磷等元素，都是促进骨骼发育的重要组成成分，儿童食用可以促进骨骼发育。香椿的挥发气味能透过蛔虫的表皮，使蛔虫不能附着在肠壁上而被排出体外，可用于蛔虫病的治疗。

饮食宜忌：香椿是发物。如果有旧疾或者皮肤病的人，要谨慎食用，它可能引起这些病的复发。

选购保存

选购香椿应注意以下几点。①长短。香椿芽宜挑选短的，长的香椿芽梗比较硬，影响口感。②粗细。选香椿芽时要仔细看它的粗细，梗粗的代表是新长出来的嫩芽，很新鲜。③香味。购买时闻一闻香椿芽有没有一种轻香味，如果有，说明比较新鲜。 香椿建议现摘现吃。

香椿炒蛋

食材准备

香椿……150克

鸡蛋……1个

盐……3克

食用油……适量

小贴士

焯香椿的时间不可太长，以免影响其脆嫩口感。

制作方法

1. 将洗净的香椿切成1厘米长的段；鸡蛋打入碗中，打散，加入少许盐，调匀。

2. 用油起锅，倒入蛋液，翻炒至熟，盛出待用。

3. 锅中加入适量清水烧开，加入少许食用油，倒入切好的香椿，焯煮片刻后捞出，沥干水分，待用。

4. 用油起锅，倒入香椿翻炒，加入少许盐，炒匀，再倒入炒熟的鸡蛋，翻炒至入味即可。

香椿芝麻酱拌面

食材准备

切面……100克
鸡蛋……1个
去头尾的黄瓜……1根
香椿……85克
生抽……7毫升
白芝麻、蒜末、芝麻油、芝麻酱……各适量

小贴士

香椿放入开水中焯一下再拌，口感更佳。

制作方法

锅中注入适量清水烧开，放入洗净的香椿，拌匀，焯煮至变软。

捞出香椿，沥干水分，放凉后切碎。

将洗净的黄瓜对半切开再切片，改切成粗丝。

将香椿装入碗中，加入蒜末，淋入少许芝麻油，拌匀，待用。

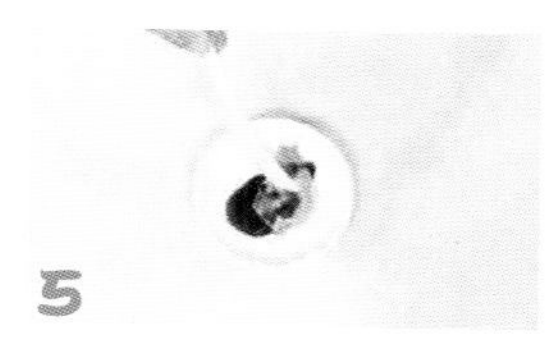

将芝麻酱放入碟子里，加入适量的盐、生抽。

注入少许温开水，搅散。

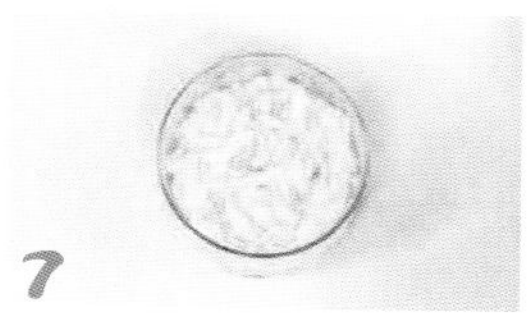

锅中注入清水烧开，放入切面煮熟，捞出放入凉水中，浸泡片刻后装盘。

鸡蛋煮熟，捞出，与黄瓜一起放在切面上，蘸酱食用。

鸡蛋

- 别名：鸡子、鸡卵。
- 性味：性温，味甘。
- 归经：归脾、肾、胃、大肠经。

营养成分

含有丰富的蛋白质、氨基酸、脂肪、碳水化合物、维生素A、维生素B_1、维生素B_2、维生素B_6、维生素B_{12}、维生素D、维生素E、叶酸、钙、铁、磷、镁、锌、铜、碘等。

食用价值

鸡蛋中丰富的胆碱是合成大脑神经递质——乙酰胆碱的必要物质，同时也是细胞膜的重要成分，能促进大脑发育，有益大脑功能，还能够提高记忆力，使注意力更集中。蛋白质是一切生命的物质基础，鸡蛋中的蛋白质含有人体必需的氨基酸，而且吸收利用率高，坚持吃鸡蛋能够保证孩子的蛋白质供应，促进生长发育。蛋黄中的两种抗氧化物质：叶黄素和玉米黄素，能帮助保护眼睛不受紫外线伤害。

饮食宜忌：需要注意的是，正处于高热期、腹泻期的幼儿忌食。

选购保存

选购时应注意以下几点。①用日光透射。用左手握成圆形，右手将蛋放在圆形末端，对着日光透射，新鲜的鸡蛋呈微红色，半透明状态，蛋黄轮廓清晰；如果昏暗不透明或有污斑，说明鸡蛋已经变质。②观察蛋壳。蛋壳上附着一层霜状粉末，蛋壳颜色鲜明，气孔明显的是新鲜的鸡蛋；反之则不新鲜。③用手轻摇。无声的是新鲜的鸡蛋，有水声的不新鲜。

鸡蛋在20℃左右的环境下可以存放一周左右，冰箱冷藏保存，一般可以保鲜半个月。

鸡蛋羹

食材准备

鸡蛋……1个
盐……1克

制作方法

1 取一个蒸碗，打入鸡蛋，搅散，再倒入适量清水，边倒边搅拌。

2 加入少许盐，搅拌匀，调成蛋液，待用。

3 蒸锅注水烧开，放入蒸碗，盖上锅盖，用中火蒸约10分钟即可。

注入蛋液的清水不宜太多，以免影响鸡蛋羹的口感。

扫一扫
美味跟着学

鸡蛋大米粥

食材准备

鸡蛋……1个

大米……100克

制作方法

1 取碗打入鸡蛋，搅散，待用。

2 取电饭锅，倒入大米，注入清水，蒸煮30分钟。

3 待时间到，倒入蛋液搅拌均匀即可。

加入鸡蛋液后应迅速搅拌，形成蛋花。

蛤蜊鸡蛋饼

食材准备

蛤蜊肉 80克
鸡蛋 2个
葱花 .... 少许
盐 2克
水淀粉 5毫升
芝麻油 2毫升
食用油 .... 适量

制作方法

1. 将鸡蛋打入碗中，放入盐，打散调匀，再放入洗净的蛤蜊肉，加入葱花、芝麻油、水淀粉，用筷子搅拌均匀。
2. 用油起锅，倒入部分蛋液，炒至六成熟，盛出，放入原来的蛋液中，混合均匀。
3. 煎锅注油，倒入混合好的蛋液，摊开，将蛋饼翻面，煎出焦香味，煎至两面呈金黄色。盛出，再分切成扇形块即可。

小贴士

往煎锅中倒入蛋液时动作要快，否则蛋饼不易成形，影响外观。

鸡蛋炒百合

食材准备

鲜百合 140克
胡萝卜 25克
鸡蛋 2个
葱花 .... 少许
盐 2克
白糖 3克
食用油 .... 适量

制作方法

1 将洗净去皮的胡萝卜切成片。鸡蛋打入碗中，加入盐搅拌均匀，制成蛋液，待用。

2 锅中注水烧开，倒入胡萝卜片，放入洗好的百合，加入少许白糖，煮至食材断生，捞出，沥水，待用。

3 用油起锅，倒入蛋液，炒匀；放入焯好的食材，炒匀，撒入葱花，炒出葱香味即可。

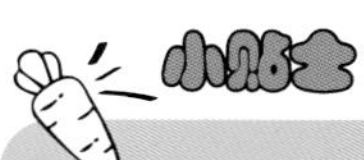

小贴士

百合先用温水浸泡片刻再清洗，更易清除杂质。

豆渣鸡蛋饼

食材准备

豆渣……80克

鸡蛋……2个

葱花……少许

盐……2克

食用油……适量

制作方法

1 将锅置火上，倒入少许食用油，放入豆渣，炒至熟透，盛出，待用。

2 取一碗，打入鸡蛋，加入少许盐，搅拌均匀；再倒入炒好的豆渣拌匀；撒上葱花，搅拌均匀。

3 用油起锅，倒入部分拌好的食材，炒匀，盛出，与余下的食材混合，拌匀。

4 将煎锅置火上，倒入少许食用油，倒入混合好的食材，摊开，铺匀，用小火煎至蛋饼成形。关火后盛出煎好的蛋饼，切成小块即可。

炒鸡蛋时，蛋凝固得很快，所以要快速翻炒。

鸡肉

- 别名：家鸡肉、母鸡肉。
- 性味：性温，味甘。
- 归经：归脾、胃经。

营养成分

含蛋白质、碳水化合物、维生素B_1、维生素B_2、烟酸、钙、磷、铁、钾、钠等。

食用价值

中医认为，鸡肉入肝经，因此具有补肝血的作用。春季养肝正当时，吃点鸡肉有助于补肝血。鸡肉蛋白质含量较高，脂肪含量较低。而且鸡肉蛋白质中富含人体必需的氨基酸，其含量与蛋乳中的氨基酸谱式极为相似，为优质蛋白质的来源。鸡肉还具有抗氧化作用和一定的解毒作用；在改善心脑功能、促进儿童智力发育方面，更是具有重要的作用。鸡肉也是磷、铁、铜和锌等矿物质的良好来源，这些物质对儿童的生长发育也十分有益。

饮食宜忌： 感冒伴有头痛、乏力、发热的人，服用铁制剂时不宜食用鸡肉、鸡汤。

选购保存

购买生鸡肉时要注意观察鸡肉的外观、色泽、质感。新鲜、卫生的鸡肉白里透红，有亮度，手感光滑。如果鸡肉注过水，肉质会显得特别有弹性，皮上有红色针点，周围呈乌黑色；用手指在鸡的皮层下一掐，会明显感到打滑；用手摸会感觉表面高低不平，好像长有肿块，未注水的鸡肉摸起来很平滑。

在0~10℃的气温下，刚杀的鸡，去掉内脏，不用水洗，挂在背阳(不能被太阳晒）通风处，可以保鲜3天。

鸡肉蒸豆腐

食材准备

豆腐……………………………………100克
鸡胸肉……………………………………20克
鸡蛋……………………………………1个
盐、芝麻油……………………………各少许

鸡肉蒸的时间不宜太久，以免口感变差。

制作方法

1 将豆腐洗净切小块，待用；将洗好的鸡胸肉剁成末；鸡蛋打入碗中，打成蛋液；将鸡肉末装入碗中，倒入鸡蛋液，搅拌均匀，加入少许盐，搅拌，制成肉糊。

2 锅中注水烧开，加入少许盐，放入豆腐，煮约1分钟，捞出，沥干水分，放凉后用勺压成细末，淋入少许芝麻油，搅拌均匀，制成豆腐泥，装入蒸碗中，铺平，再倒入肉糊，待用。

3 蒸锅注水烧开，放入蒸碗，中火蒸5分钟至食材熟透。

香菇鸡肉饭

食材准备

鲜香菇……40克
油菜……30克
鸡胸肉……60克
软饭……适量
盐……少许
食用油……适量

制作方法

1 在汤锅中注水烧开，放入洗净的油菜，煮约半分钟至断生，捞出，沥干水分，晾凉后剁碎；将洗净的香菇切碎，将洗好的鸡胸肉剁成末。

2 用油起锅，倒入香菇，炒香；放入鸡胸肉，炒散，翻炒至转色；加入适量清水，搅拌均匀；倒入软饭，搅拌均匀。

3 加入少许盐，炒匀调味；放入油菜，拌炒均匀即可。

小贴士

炒制时可以加入少许芝麻油，能使成品味道更加鲜美。

胡萝卜鸡肉饼

食材准备

鸡胸肉 70克

胡萝卜 30克

面粉 100克

盐 2克

食用油 .... 适量

制作方法

1. 将洗净的鸡胸肉剁成泥，将去皮洗净的胡萝卜切成粒；锅中注水烧开，加入少许盐，倒入胡萝卜，煮约1分钟，捞出，沥干水分，待用。
2. 取一个大碗，倒入鸡肉泥、胡萝卜，加入少许盐，注入少许温水，搅拌均匀；倒入适量面粉，加入适量食用油，搅拌成面糊，待用。
3. 煎锅上火烧热，淋入少许食用油，放入面糊，摊开、铺平，用小火煎成形；翻转面饼，用中火兼至两面熟透，盛出，分切成小块。

煎饼时要时刻注意火候，以免火太大煎糊。

食材准备

鸡肉……200克

西红柿……70克

姜片……10克

葱花……5克

盐……3克

可以先将鸡肉腌渍片刻，口感更好。

制作方法

1 将处理好的鸡肉切片。

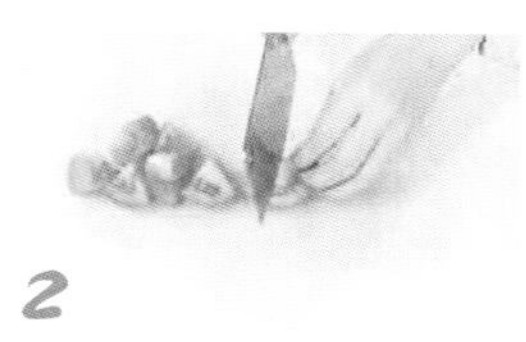

2 将洗净的西红柿切瓣，再切成块，待用。

3 打开电饭锅，加入备好的鸡肉、西红柿。

4 再放入姜片、盐，注入适量清水，拌匀。

5 盖上盖，按下“功能”键，调至“靓汤”功能。

6 将时间定为30分钟，煮至食材熟透。

7 待30分钟后，按下“取消”键。

8 打开锅盖，倒入备好的葱花，拌匀盛碗。

猪瘦肉

- 别名：家肉、豚肉、彘肉等。
- 性味：性平，味甘、咸。
- 归经：归脾、胃、肾经。

营养成分

含蛋白质、脂肪、碳水化合物、磷、钙、铁、维生素B_1、维生素 B_2、烟酸等。

食用价值

猪肉的纤维组织比较柔软，还含有大量的肌间脂肪，因此比牛肉更易消化吸收。猪肉可提供血红素（有机铁）和促进铁吸收的半胱氨酸，能改善缺铁性贫血。猪肉是一种营养十分全面的食物，除了蛋白质和脂肪以外，富含钙、磷、铁、血红蛋白等对人体十分重要，瘦肉的补铁效果也要好过蔬菜。蛋白质是生长发育、修补身体组织不可缺少的营养素而蛋白质大部分集中在瘦肉中。瘦肉中还含有血红蛋白，可以起到补铁的作用，能够预防贫血。瘦肉所含的血红蛋白比植物中的更好吸收，因此瘦肉的补铁效果要比蔬菜好。

饮食宜忌：脾胃功能较弱的儿童，不宜多食猪肉，家长应控制食用量。

选购保存

购买猪肉时可观察肉的颜色，健康并且新鲜的瘦肉应该呈现出红色或者粉红色，光泽鲜艳，流出的液体较少；肉皮上面没有任何斑点；新鲜并且健康的猪肉的气味是新鲜的肉味，带有微微腥味，不会有其他异味和臭味。

买回的新鲜猪肉，分切成大小合适的块，用保鲜袋装好，再放入冰箱冷冻。

西红柿瘦肉汤

食材准备

猪瘦肉 40克
西红柿 60克
盐 2克

猪肉不宜煮太久，否则会影响口感。

制作方法

1 将洗净的猪瘦肉切成粒，放入开水中焯去血水，捞出，待用；将洗好的西红柿顶端划上十字花刀，放入开水锅中汆烫片刻，捞出，去皮，切成小块，待用。

2 锅中注水烧开，放入猪瘦肉，搅拌均匀，盖上盖，煮沸后转小火煮15分钟至食材熟软。

3 揭盖，放入西红柿，搅拌均匀，再盖上盖，煮约5分钟至食材熟透。

4 揭盖，加入少许盐，拌匀调味即可。

食材准备

猪瘦肉……60克

小白菜……45克

大米……65克

盐……2克

制作方法

1 将洗净的小白菜切成小段，洗净的猪瘦肉切成片。

2 取榨汁机，把小白菜炸成汁，把瘦肉片绞成肉泥，把大米磨成米碎；在肉泥和米碎中分别加入适量清水调匀。

3 将汤锅置火上，倒入小白菜汁，煮沸，加入肉泥，搅拌片刻，再倒入调好的米浆，用勺子持续搅拌45秒，煮成米糊。调入适量盐，继续搅拌至入味，盛出装碗即可。

小贴士

煮制肉糜粥时，可添加大骨汤或鸡汤一起煮，这样不仅营养丰富，口感也更佳。

肉丸子小白菜粉丝汤

食材准备

猪肉末……100克
鸡蛋液……20克
粉丝……20克
油菜……50克
葱段……12克
盐……2克
水淀粉、生抽……各5毫升

制作方法

1 将洗净的油菜去除根部，切成小段；洗好的葱段切成末；粉丝装碗，加入开水，稍烫片刻。

2 将猪肉末装碗，加葱末、鸡蛋液，放入1克盐，搅匀，再倒入水淀粉拌匀，接着加入3毫升生抽，搅拌匀，腌渍5分钟至入味；将腌好的肉末揉成丸子，装盘。

3 汤锅中注水烧开，放入肉丸子，用大火煮开后转小火续煮5分钟至熟；放入切好的油菜，加入泡好的粉丝，煮半分钟，加入1克盐，倒入3毫升生抽，搅匀调味即可。

小贴士

煮制汤汁时撇去浮沫，汤的口感更佳。

芹菜猪肉水饺

食材准备

芹菜……………………………………100克
肉末……………………………………90克
饺子皮…………………………………95克
盐………………………………………3克
生抽……………………………………5毫升
姜末、葱花、食用油……………各适量
五香粉、鸡粉……………………各适量

小贴士

刚开始放入饺子生胚时，要不停搅拌，防止互相粘连。

制作方法

1 将洗净的芹菜切碎。

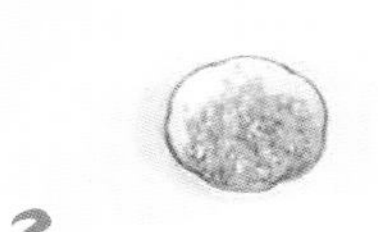

2 往芹菜碎中撒上少许的盐，拌匀，腌10分钟。

3 将腌渍好的芹菜碎倒入漏勺中，压出多余的水分。

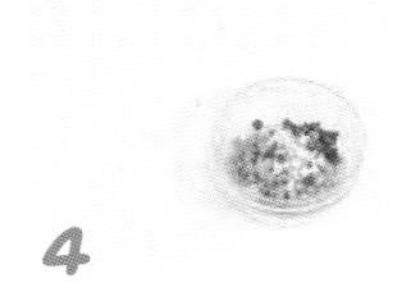

4 将芹菜碎、姜末、葱花倒入肉末中。

5 加入五香粉、生抽、盐、鸡粉、食用油拌匀入味，制成馅料。

6 备好一碗清水，用手指蘸上少许清水，在饺子皮边缘涂抹一圈。

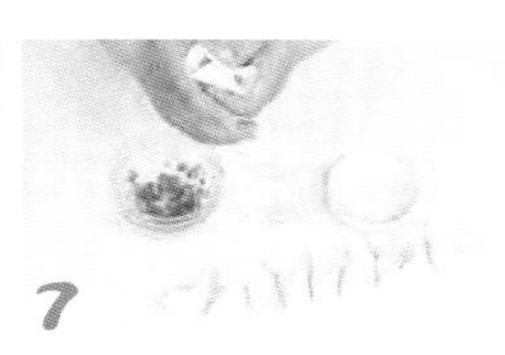

7 往饺子皮中放上少许的馅料，将饺子皮对折，两边捏紧装盘。

8 锅中水烧开，倒入饺子生胚，拌匀防止其相互粘连，煮开后再温火煮3分钟，捞出即可食用。

豆腐

- 别名：水豆腐、老豆腐。
- 性味：性凉，味甘。
- 归经：归脾、胃、大肠经。

营养成分

富含蛋白质、8种人体必需氨基酸、不饱和脂肪酸、卵磷脂、钙等。

食用价值

中医认为，豆腐味甘性凉，入脾、胃、大肠经，具有益气和中、生津润燥、清热解毒的功效。豆腐的蛋白质含量比大豆高，极容易被消化吸收，而且豆腐蛋白属完全蛋白，不仅含有人体必需的8种氨基酸，其比例也接近人体需要，因此营养价值极高。春天的饮食宜清淡，豆腐营养丰富又不肥腻，正是春季的养生佳品。豆腐中含有许多的钙元素，钙是人体中绝对不能缺少的一种重要的营养物质，婴儿、儿童、青少年在成长期间都不可缺少，并且钙元素还是我们骨骼和牙齿构成的主要成分。豆腐中丰富的大豆卵磷脂有益于神经、血管、大脑的发育生长，豆腐在健脑的同时，所含的豆固醇还有抑制胆固醇摄入的功效。

饮食宜忌：豆腐性寒，胃寒病患者食用后容易出现反胃、胸闷等症状，应酌量食用。

选购保存

豆腐本身略带黄色，如果过于死白，有可是能添加了漂白剂。优质豆腐的切面比较整齐，无杂质，有弹性；劣质豆腐切面不整齐，有时还嵌有杂质，容易破碎，表面发黏。

豆腐买回家后，应立刻浸泡于水中，并放入冰箱冷藏，烹调前取出尽快制作，以保持新鲜。

玉米拌豆腐

食材准备

玉米粒……50克
豆腐……80克
白糖……2克

抨好菜肴后可撒上葱花点缀，使菜品更美观。

制作方法

1 将洗净的豆腐切成丁，备用。

2 蒸锅注水烧开，分别放入玉米粒和豆腐蒸熟，备用。

3 将蒸熟的玉米粒倒入装有豆腐的碗中，趁热撒上白糖，拌匀，即可食用。

蒸肉豆腐

食材准备

猪瘦肉……120克

豆腐……100克

鸡蛋……1个

葱末……少许

盐……2克

食用油……适量

制作方法

1 用刀将洗净的豆腐压碎，剁成泥状；将洗好的猪瘦肉切成丁；将鸡蛋打入碗中，打散。

2 取榨汁机，把猪瘦肉绞成肉泥，盛入碗中，加入蛋液、葱末、适量盐搅拌匀；另取一碗，把豆腐装入碗中，加入少许盐，搅拌匀。

3 取一蒸碗，抹少许食用油，倒入豆腐泥，再加入蛋液鸡肉泥，抹平。

4 蒸锅注水烧开，放入蒸碗，盖上盖，用中火蒸10分钟至熟即可。

蒸制本道菜时火不能太大，以免食材过老，影响口感。

食材准备

豆腐块……180克
西红柿块……150克
葱花……少许
盐……2克
番茄酱……适量

制作方法

1 锅中注水烧开，倒入洗净的豆腐块，煮2分钟，捞出，备用。

2 锅中注水烧开，倒入切好的西红柿，加入盐，盖上盖，煮约2分钟；揭盖，加入番茄酱，搅拌匀，倒入豆腐，搅拌匀，盖上盖，煮约1分钟。

3 盛出煮好的汤料，撒上葱花即可。

西红柿不可煮太久，以免影响其口感。

牛奶

- 别名：牛乳、鲜奶。
- 性味：性偏凉，味甘。
- 归经：归心、肺、胃经。

营养成分

含有蛋白质、维生素A、维生素 D、钙、磷、铁、锌、铜、锰、钼、脂肪、磷脂等。

食用价值

牛奶含有优质的蛋白质和容易被人体消化吸收的脂肪、钙、维生素 A、维生素 D，因此被称为“完全营养食品”。牛奶包含人体生长发育所需的全部氨基酸，消化率达 98%，为其他食品所不及，所以正处于长身体的儿童非常适合饮用牛奶，对补充身体营养也大有好处。牛奶中各种矿物质元素以及微量元素比例比较合适，而且容易被人体吸收。牛奶中还含有丰富的碳水化合物，可以为人体提供日常活动所需要的能量。牛奶中的锌、碘、卵磷脂等成分，可以促进大脑的发育，对于儿童智力发展具有重要的作用。

饮食宜忌：缺铁性贫血患者服用铁制剂后不宜喝牛奶。

选购保存

新鲜乳（消毒乳）呈乳白色或稍带微黄色，有新鲜牛乳固有的香味，无异味，呈均匀的流体，无沉淀，无凝结，无杂质，无异物，无黏稠现象。如果玻璃杯上的奶膜不均匀，甚至有肉眼可见的小颗粒挂在杯壁且不易清洗，说明牛奶不够新鲜。

牛奶不宜受日光照射，经研究证实，鲜奶中的维生素B_1、维生素B_2和维生素C遇光，在很短的时间内就会很快消失，所以牛奶应尽量避光保存。

牛奶粥

食材准备

配方奶……………………………200毫升

大米……………………………………150克

制作方法

1 锅中注入适量清水烧热，倒入泡发大米，搅拌均匀。

2 盖上盖，用大火烧开后转小火煮30分钟至大米熟软。

3 揭盖，倒入配方奶，持续搅拌片刻。

4 关火，将煮好的粥盛入碗中即可。

小贴士

也可以将粥煮好后再倒入配方奶，奶香味更浓，营养更丰富。

番石榴牛奶

食材准备

番石榴 70克

热配方奶 300毫升

制作方法

1 将洗好的番石榴切开，去籽，改切成小块。

2 取榨汁机，放入番石榴，倒入热奶，榨取果汁。

3 断电后，倒出榨好的果汁即可。

小贴士

番石榴肉质较硬，可以多榨一会儿，成品的口感会更好。

牛奶香蕉蒸蛋羹

食材准备

牛奶……150毫升
香蕉……100克
鸡蛋……80克

制作方法

1 将香蕉去皮切条，再切成小段待用；取一个碗，打入鸡蛋，搅散制成蛋液。

2 取榨汁机，倒入香蕉、牛奶，榨取果汁；将榨好的果汁倒入蒸碗中，再倒入蛋液；搅匀，撇去浮沫，封上保鲜膜。

3 蒸锅注水烧开，放入蒸碗，盖上盖，用中火蒸10分钟至熟即可。

榨香蕉牛奶汁时不宜过浓，以免影响蛋羹的口感。

番石榴

- 别名：芭乐、鸡屎果、拔子、喇叭番石榴。
- 性味：性平，味甘、涩。
- 归经：归肺、肾、大肠经。

营养成分

含有蛋白质、脂肪、糖类、维生素A、维生素B、维C、钙、磷、铁、钾等。

食用价值

番石榴中含有丰富的维生素，对老人和孩童的营养价值更高，不仅可以补充钙质、强健骨骼，同时还能促进儿童成长。番石榴中有含量较高的蛋白质，可以促进人体血液循环，保证血液畅通。番石榴中还含有较低的脂肪，可以在补充营养的同时增加一些热量和能量，对人体健康十分有益。番石榴中含有大量的微量元素，如铁、钾等，都是人体所需的营养物质，经常食用可有效促进人体健康，并且还有预防疾病的作用。

饮食宜忌：番石榴有收敛止泻作用，有便秘习惯或有内热的人不宜多吃。

选购保存

挑选番石榴时应注意以下几点。①看外观。优质番石榴的果皮一般为绿色、黄色，表皮光滑，没有斑点和裂痕。②掂重量。新鲜的番石榴拿起来沉甸甸。如果番石榴较轻说明不新鲜。③看成熟度。用手捏一捏，有弹性说明已熟。如果捏起来较硬，说明石榴还是未熟。吃不完的番石榴应该放在干净、干燥、密封的容器内，或者将番石榴放进保鲜袋里封口，再将容器或者保鲜袋放进冰箱或其他干净、干燥、阴凉且避免阳光直射的地方保存。

番石榴银耳枸杞糖水

食材准备

番石榴……120克
水发银耳……100克
枸杞……15克
冰糖……40克

小贴士

枸杞不宜煮太久，否则会影响成品外观。

制作方法

1 将洗好的银耳切成小块，将洗净的番石榴切成小块。

2 砂锅中注入适量清水烧开，放入切好的番石榴、银耳，搅拌均匀，盖上盖，用小火煮15分钟至食材熟软；揭开盖，放入冰糖，煮至溶化。

3 放入洗净的枸杞，拌煮片刻即可。

食材准备

番石榴……………………………………100克

白糖…………………………………………适量

制作方法

1. 将洗净去皮的番石榴对半切开，再切成小块。
2. 取榨汁机，倒入切好的番石榴。
3. 加入白糖，注入适量温开水，榨取果汁。

小贴士

番石榴的肉质较硬，选择的刀座最好精细一些，这样榨出的果汁口感更佳。

番石榴水果沙拉

食材准备

番石榴 ………………………………… 120克
柚子肉 ………………………………… 100克
圣女果 ………………………………… 100克
牛奶 ………………………………… 100毫升
沙拉酱 ………………………………… 10克

制作方法

1 将洗净的圣女果切小块；将去皮剥下的柚子肉切小块。

2 将洗好的番石榴切小块。

3 把切好的水果装入碗中，倒入牛奶，加入沙拉酱，搅拌均匀即可。

牛奶不宜加太多，否则会影响口感。

樱桃

- 别名：莺桃、含桃、荆桃、樱珠、车厘子。
- 性味：性温，味甘。
- 归经：归脾、胃经。

营养成分

含糖、枸橼酸、酒石酸、胡萝卜素、维生素A、维生素C、铁、钙、磷等。

食用价值

中医认为，樱桃具有调中益气、健脾和胃、祛风湿、使皮肤红润嫩白、去皱消斑的功效。樱桃含有丰富的铁元素，每100克樱桃中含铁量多达59毫克，居于水果首位，铁能促进血红蛋白再生，经常吃樱桃可以补充孩子对铁元素的需求量，既可防治缺铁性贫血，又可增强体质、健脑益智。樱桃所含的维生素A也很丰富，比葡萄、苹果、橘子多4~5倍，还含有一部分胡萝卜素，可以帮助提高视力和保护眼睛。樱桃中含有的维生素B、维生素C及钙、磷等矿物元素，均有利于儿童生长发育。

饮食宜忌：樱桃性温，不宜多吃。

选购保存

挑选樱桃的方法：①看颜色，深红或者偏暗红色的樱桃通常比较甜；②看光泽度，表皮发亮的最健康最好；③看果梗，果梗为绿色的樱桃比较新鲜，如果发黑，则不新鲜；④看有无褶皱，樱桃果皮表面有褶皱的表示果实放置的时间稍长，不新鲜。

樱桃购买回来应立即放入冰箱冷藏。沾上水的樱桃即使放入冰箱保存也很容易变质。在适当的保存条件下，樱桃可保存7天时间左右。

樱桃香蕉

食材准备

香蕉……………………………………80克

樱桃……………………………………30克

酸奶……………………………………80毫升

制作方法

1 将香蕉去皮，剥取果肉，切小段。

2 取一个水晶碗，倒入酸奶，放入香蕉。

3 点缀上洗净的樱桃即可。

熟透的香蕉口感更好。

樱桃草莓汁

食材准备

草莓……………………………………95克
樱桃……………………………………100克
白糖……………………………………适量

制作方法

1. 将洗净的草莓对半切开，再切成小瓣；洗净的樱桃对半切开，去核。
2. 取榨汁机，倒入草莓、樱桃。
3. 加入白糖，倒入适量温开水，盖上盖，榨成果汁。

草莓和樱桃本身有甜味，也可以不加白糖，保持草莓和樱桃的原味。

樱桃鲜奶

食材准备

樱桃……………………………………90克

牛奶………………………………250毫升

制作方法

1 将洗净的樱桃去蒂去核，切成粒。

2 砂锅中注入适量清水烧开，倒入牛奶，用勺搅拌匀，煮至沸腾。

3 再倒入切好的樱桃，搅拌均匀后略煮片刻即可。

煮鲜奶时容易煳锅，煮制时间应不时用锅勺搅动。

草莓樱桃苹果煎饼

食材准备

草莓……80克

樱桃……60克

苹果……90克

鸡蛋……1个

玉米粉、面粉……各60克

橄榄油……5毫升

小贴士

水果煎饼不宜煎制太久，不然会使水果变色，影响成品外观。

制作方法

将洗净的草莓切块。

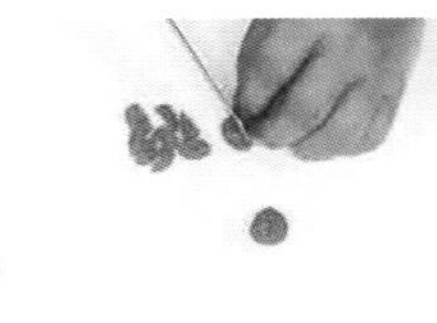

把樱桃切碎。

将洗净的苹果对半切开，去核切成瓣，再切成块。

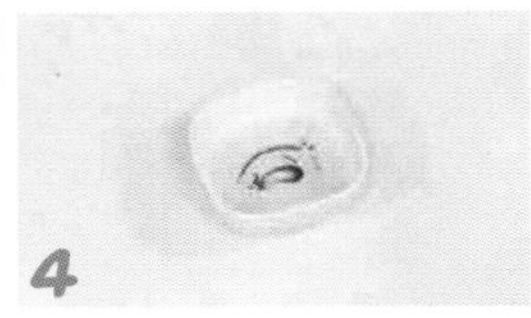

将鸡蛋打开，取蛋清装入碗中，备用。

将面粉倒入碗中，加入玉米粉，倒入蛋清、清水，搅匀。

放入水果拌匀。

锅中注入橄榄油烧热，倒入水果面糊。

翻面，煎至焦黄色取出，切小块。

桑葚

- 别名：桑粒、桑果。
- 性味：性寒、味甘。
- 归经：归心、肝、肾经。

营养成分

富含葡萄糖、蔗糖、琥珀酸、苹果酸、柠檬酸、酒石酸、维生素A、维生素B_1、维生素B_2、维生素C及烟酸、活性蛋白、胡萝卜素、矿物质等。

食用价值

中医认为，桑葚性味甘寒，具有补肝益肾、生津润肠、乌发明目等功效。桑葚中含有丰富的维生素A、维生素B_1、维生素B_2、维生素C、氨基酸、鞣质、苹果酸、钙等成分，其营养是苹果的5～6倍，是葡萄的4倍，这些丰富的营养成分能促进造血功能，很好地增强人体免疫力，被医学界誉为“二十一世纪的最佳保健果品”。桑葚中含有珍贵的胡萝卜素和花青素，花青素是强抗氧化剂，能够加速视网膜上视紫质的再生能力，有利于保护视力，缓解眼疲劳。除此以外，桑葚中还含有乌发素，经常食用能使头发变得乌黑而有亮泽。

饮食宜忌：脾虚便溏者不宜多吃桑葚，否则会加重腹泻的症状。

选购保存

在挑选新鲜桑葚的时候，以酸甜适口、黑中透亮、个头大、颗粒饱满、果肉厚实、色紫黑、没有出水坚挺、糖分足者为佳。如果桑葚的颜色比较深，味道比较甜，但里面尚未成熟，就要注意一下，有可能是经过染色的。桑葚比较娇嫩，而且糖分高，从采摘下来开始计算，保存期在24小时左右，放置于冰箱中保存，最好一天内食用完。

桑葚芝麻糕

食材准备

面粉、粘米粉……各250克
鲜桑葚……100克
黑芝麻……35克
白糖……25克
酵母……5克

制作方法

1 锅中注水烧开，倒入洗净的桑葚，熬煮约10分钟，至煮出桑葚汁；关火后将桑葚汁倒入碗中，放凉待用。

2 取碗，倒入面粉、粘米粉，放入酵母，撒上白糖拌匀；倒入桑葚水混合均匀，揉搓片刻，制成纯滑面团，用保鲜膜封口，静置1小时。

3 取发酵好的面团，揉成面饼状，放入蒸盘中，撒上黑芝麻，制成芝麻糕生坯。

4 蒸锅注水烧开，放入蒸盘，用大火蒸约15分钟至食材熟透；关火后取出冷却，将芝麻糕分切成小块即可。

草莓桑葚果汁

食材准备

草莓……100克
桑葚……30克
柠檬……30克
红糖……适量

制作方法

1 将洗净去蒂的草莓对半切开。

2 取榨汁机，倒入切好的草莓和洗净的桑葚。

3 再挤入柠檬汁，加入白糖，倒入少许温开水，榨取果汁。

食材的选择可以根据宝宝的喜好作调整。

食材准备

桑葚干 6克

水发大米 150克

桂圆肉 10克

制作方法

1 砂锅中注入清水烧开，放入洗净的桑葚干，盖上盖，用大火煮15分钟至析出营养成分。

2 揭开盖，捞出桑葚，倒入洗净的大米，搅散。

3 盖上盖，烧开后用小火续煮30分钟，至食材熟透即可。

煮粥时应不时用勺搅拌，以防止粘锅。

桑葚莲子银耳汤

食材准备

桑葚干 5克
水发莲子 70克
水发银耳 120克
冰糖 30克

制作方法

1 将洗好的银耳切成小块。

2 砂锅注水烧开，倒入桑葚干，盖上盖，用小火煮15分钟，至析出营养成分；揭开盖，捞出桑葚，再倒入洗净的莲子和切好的银耳。

3 盖上盖，用小火再煮20分钟，至食材熟透；揭盖，倒入冰糖，搅拌均匀，用小火煮至冰糖溶化。

小贴士

莲子不易煮熟，可提前用水泡发，以节省烹调时间。

桑葚茯苓粥

食材准备

桑葚干……5克
水发大米……160克
茯苓……40克
白糖……少许

制作方法

1 砂锅中注入适量清水烧开，倒入茯苓、桑葚，放入洗好的大米，搅拌均匀。

2 盖上盖，大火烧开后改小火煮约50分钟，至米粒变软。

3 揭盖，加入适量白糖，搅拌匀，略煮一会，至糖分溶化即可。

桑葚干可先用水泡软后再煮，这样能缩短烹饪时间。

Chapter 3

春暖花开，小儿养肝正当时

肝血足，小儿眼睛明亮

网络上有这样一句话：“嘴巴很一般，鼻子也很一般，一双眼睛拯救一张脸。”说的是一双漂亮好看的眼睛能让原本不出彩的颜值瞬间提升。正因为在面貌中，眼睛给人的印象最深刻，我们每个人都要保养好自己的眼睛，美丽的容颜配上动人的眼睛才够完美！

现代的小孩很小就开始接触电视、手机、平板电脑等电子产品，3岁之前小孩子的眼睛未发育完全，过早接触电子产品不利于眼部发育，即便家长在进行育儿教育需要用到电子产品，每次也不宜超过半小时。对于处在学习阶段的小孩子来说，平日用眼较多、较频繁，所以照护孩子的眼睛是每个家长都要重视的问题。

肝是人体非常重要的脏器之一，具有调节蛋白质、糖、脂肪代谢，生成、排泄胆汁，帮助脂肪的消化和吸收，解毒、凝血、调节血容量、水、电解质等功能。中医认为“肝开窍于目”，肝脏与眼睛的好坏密切相关。“肝藏血”是肝的功能之一，它提供的血液和阴津都是滋养眼睛的，可以说，肝是明目的源泉。如果肝不好，受到抑制，分泌的血液和阴津减少，眼睛自然得不到滋养，容易干涩。

在饮食方面，养肝以清淡可口、营养丰富的食物为主。春季五脏应肝，五味上对应酸味，所以春季可以多吃一点酸味或者酸甜爽口的食物，以柔肝养阴。比如醋，现代研究表明，醋有软化血管、降低血脂的作用。春天的杏、杨梅、杨桃、柑橘、柠檬、苹果等带有酸味的水果，也是很好的选择。 最好吃时令水果，顺应自然，才有利于身体健康。

在春季菜肴中，应尽量少使用胡椒、花椒、八角等调味品，这些调料性辛温，容易耗血伤阴。可以多吃一些胡萝卜、白菜、菠菜、百合、油菜、青椒、西红柿等对肝脏有好处的蔬菜。

鸡蛋胡萝卜泥

食材准备

胡萝卜……100克

豆腐……100克

鸡蛋……1个

食用油、盐……各少许

制作方法

1 将胡萝卜洗净切成丁状，放入蒸锅蒸10分钟，蒸锅中加入豆腐续蒸2分钟至熟，胡萝卜和豆腐取出后分别剁成泥状备用，鸡蛋打散调匀。

2 起油锅，倒入胡萝卜泥，加适量清水拌炒片刻，加入豆腐泥，加入少许盐拌炒均匀，再倒入备好的蛋液，快速炒匀至蛋液凝固。

3 起锅，将炒好的鸡蛋胡萝卜豆腐泥盛入碗中即可食用。

本道菜口味鲜嫩、营养丰富，具有保护视力、促进小儿生长发育的功效。

南瓜番茄排毒汤

食材准备

小南瓜......................................150克

小番茄......................................70克

去皮胡萝卜..................................50克

苹果..100克

蜂蜜..10克

制作方法

1 将胡萝卜、苹果、小南瓜分别洗净切块，小番茄洗净。

2 将砂锅中注入适量清水烧开，倒入胡萝卜、苹果、小南瓜、小番茄搅拌匀，大火煮开后转小火煮10分钟至熟。

3 加入蜂蜜，搅拌片刻至入味，关火后盛出煮好的汤，装入碗中即可。

此道菜营养丰富，胡萝卜及南瓜中胡萝卜素含量较高，均具有保护视力的作用。

枸杞蒸白菜

食材准备

大白菜……………………………100克

枸杞…………………………………3克

芝麻油、盐……………………各少许

制作方法

1. 将洗净的大白菜切成条状，装入蒸碗中，在放上洗净的枸杞，撒上少许盐，待用。
2. 蒸锅注水烧开，放入蒸碗，盖上盖，用中火蒸15分钟，至食材熟透。
3. 揭盖，淋入少许芝麻油，再盖上盖，蒸2分钟即可。

扫一扫
美味跟着学

小贴士

枸杞中含有丰富的胡萝卜素、维生素、钙、铁等成分，能明目、保护肝脏、促进肝细胞再生。

调肝护肝，促进小儿食欲

很多家长都知道，孩子食欲不振与脾虚有很大关系。实际上，肝养护不好也会导致食欲不振。因为春季肝气旺会影响到脾。因此，家长在给孩子健脾的同时也要做好肝的养护。

中医认为，肝五行属木，与春季相应，通于春气。类比春天树木生长伸展和生机勃发的特性，肝同样具有条达疏畅、升发生长的特性。肝气疏通、畅达，则全身气机条达，进而推动人体全身血液、营养物质运送到各个脏器，促进消化系统的正常工作、胆汁的分泌、排泄等。根据中医五行学说，肝与酸相应，脾与甘相应，肝气过旺会制约脾的功能，导致头晕、头痛、食欲不振等一系列症状。儿童的肝脏功能本身发育还不完善,若养护不当，食欲不振等症状会更明显。儿童肝气过旺会导致脾气虚弱，肝火旺盛还会影响到胃功能，从而影响小儿的食欲。 如果孩子长期肝火旺盛、脾虚体弱，建议家长不妨从中医角度来调理，通过疏肝健脾从而恢复脏腑之间的阴阳平衡。

在饮食上，中医认为，春季养肝应遵循“少酸增甘”的原则，抑制肝气过于亢盛，同时培补脾气的亏虚。因此春季饮食调养应以甘温的食材为主，忌酸涩、油腻、生冷及刺激性食物。建议多食五谷杂粮、蔬菜、水果等素食，用清淡的天然食品养肝滋阴。

如果小儿肝气旺盛，舌苔会有白腻出现，此时要少吃甜食，不然容易上火。以一些清肝的食物为主，菊花、山药等都是上佳的食材，家长可以给孩子烹煮些山药汤，滋养脾胃，改善身体机能。

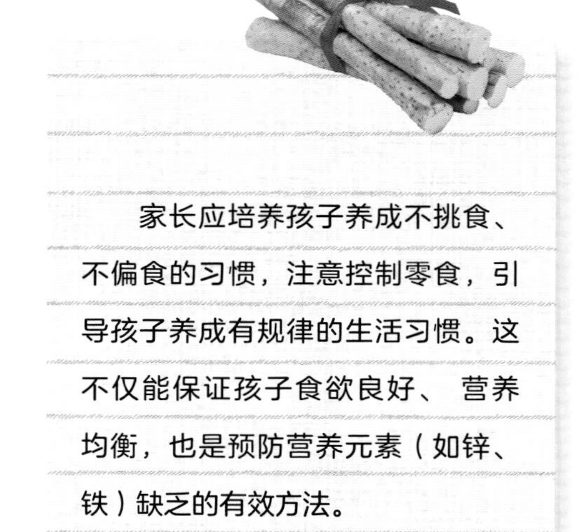

家长应培养孩子养成不挑食、不偏食的习惯，注意控制零食，引导孩子养成有规律的生活习惯。这不仅能保证孩子食欲良好、 营养均衡，也是预防营养元素（如锌、铁）缺乏的有效方法。

山药鸡蛋糊

食材准备

山药……………………………………60克

鸡蛋……………………………………1个

制作方法

1 将去皮洗净的山药对半切开，切成片，装入蒸碗中。

2 在锅中注入适量清水，放入鸡蛋，煮8分钟至熟，捞出，晾凉，待用。

3 蒸锅注水烧开，放入蒸碗，盖上盖，用中火蒸15分钟至熟；取出蒸好的山药，用勺压碎，待用。

4 剥去煮熟的鸡蛋外壳，取蛋黄，放入装有山药的碗中，压碎，充分拌匀即可。

山药含有淀粉酶、多酚氧化酶等物质，有利于脾胃消化。

食材准备

苹果……………………………………35克

西红柿 …………………………………60克

白糖……………………………………适量

制作方法

1 将洗净的苹果切开，去除果核，削去果皮，切成小丁。

2 将洗好的西红柿切开，去除蒂部，切成小丁。

3 取榨汁机，倒入切好的西红柿、苹果，注入少许温开水，加入适量白糖，盖上盖，榨取果蔬汁。

4 断电后，倒出榨好的果蔬汁即可。

小贴士

西红柿含有胡萝卜素、维生素、矿物质等营养成分，具有健胃消食的功效。

芹菜大米粥

食材准备

大米……100克

芹菜梗……30克

盐……少许

制作方法

1. 将洗净的芹菜切碎。
2. 锅中注入适量清水烧开，倒入泡发好的大米，搅拌匀，盖上盖，大火煮开后转小火，煮45分钟至米粒熟软。
3. 揭盖，倒入芹菜碎，搅拌均匀，续煮片刻。
4. 加入少许盐，拌匀调味。
5. 关火，将煮好的粥盛入碗中即可。

芹菜能加速血液循环，其特殊的香味又能促进食欲。

清肝泻火，助小儿好睡眠

中医认为，孩子睡不好，主要是因为肝火太重。这与春天的气候有较大的关系。立春之后，天气转暖，万物复苏，此时人体肝火旺盛。临床发现很多孩子睡不着或睡不踏实，主要是由于肝火太重，一般多见于0～6岁的婴幼儿，约占60%。

据了解，孩子肝火重，睡觉有明显特征，比如：入睡难、入睡后易出汗、后半夜睡不宁、频频转换睡姿和位置，有的孩子会迷迷糊糊坐起来，换个位置躺下再睡；有的还会做梦，被梦境所惊吓而醒。这些孩子大多喜欢趴着睡，有的还会打呼噜、咬牙齿（磨牙）。

“肝火重”的孩子还有一个特点，就是特别怕热，睡着时，踢被子、掀衣服，把肚子都露出来，有些孩子因为怕热，会在半夜把衣服脱掉。

中医认为肝火是肝阳的表现形式，肝火重就是肝的阳气亢盛表现出来的热象，多因七情过极、肝阳化火或肝经蕴热所致。肝藏魂，肝火旺则魂不守舍、夜卧不宁、易惊。因此，肝火旺的人容易出现失眠的症状。

饮食调理对于肝火旺的人来说非常重要，调理的最基本原则是以清淡为主，多喝水，少吃难以消化的食物，多吃新鲜水果蔬菜以补充维生素和矿物质元素等，确保肝脏含有足量的营养来进行自我再生修复。尽量不吃上火的食物，如羊肉、荔枝等。可以适当地食用一些去火的食物，如苦瓜、白萝卜、银耳、莲子等。少吃羊肉、牛肉等燥热食物。

对于肝火旺盛的儿童来说，宜食用富含维生素C的水果，比如草莓等。草莓既能养肝，又能去肝火。从中医角度讲，草莓性凉、偏酸甜，能养肝护肝，又因红色入心，可去心火。

草莓香蕉奶糊

食材准备

草莓……80克

香蕉……100克

配方奶……100毫升

制作方法

1 将洗净的香蕉切去头尾，剥去果皮，切成丁。

2 将洗好的草莓去蒂，对半切开。

3 取榨汁机，倒入切好的草莓、香蕉，加入配方奶，盖上盖，榨取果汁。

草莓富含氨基酸、柠檬酸、胡萝卜素、维生素C等营养成分，具有促进生长发育、开胃消食等功效。

百合蒸南瓜

食材准备

南瓜……200克
鲜百合……70克
冰糖……30克
水淀粉……4毫升
食用油……适量

制作方法

1 将洗净去皮的南瓜切成条，再切成块，整齐摆入盘中。

2 在南瓜上摆上冰糖、百合，待用。

3 蒸锅注水烧开，放入南瓜盘，盖上盖，用大火蒸25分钟至食材熟软。

4 另取一锅，倒入南瓜盘里的糖水，加入水淀粉，淋入少许食用油，搅拌均匀，调成芡汁。

5 将芡汁浇在南瓜上即可。

小贴士

百合含有蛋白质、还原糖、淀粉等营养成分，具有清热解毒的功效，有利于安神助眠。

安神莲子汤

食材准备

木瓜......50克
水发莲子......30克
百合......少许
白糖......适量

制作方法

1 将洗净去皮的木瓜切厚片，再切块。

2 锅中注水烧热，放入切好的木瓜，倒入洗净的莲子，搅拌均匀，盖上盖，烧开后转小火煮约10分钟至食材熟软。

3 揭盖，倒入百合稍煮，搅拌均匀，加入适量白糖，搅拌均匀至入味。

莲子含有生物碱、维生素、钙、磷等营养成分，具有清心醒脾、养心安神等功效。

滋养肝肾，提高小儿记忆力

记忆力对人们非常重要，它是知识经验积累的必要条件。依靠记忆，人们才能把大量对客观事物认识的信息加以保存和积累。记忆是高级认识过程，只有在记忆的基础上，人的理性认识、情感和意志，以及兴趣、能力和性格等才能得以发展。0～6岁是婴幼儿发育最快的阶段，也是学习知识、提高技能的关键阶段。如果饮食不当，造成孩子记忆力差、注意力不集中，孩子将来的学习能力必将受到影响。

中医认为，脑为髓海，精生髓，肾藏精。也就是说，肾精充盛则脑髓充盈，肾精亏虚则髓海不足。脑髓盈满，则耳目聪明，精力充沛；脑髓空虚，则记忆减退。所以，补肾填精益髓为缓解记忆减退的重要方法。血，具有营养和滋润全身的生理功能，不断为全身各脏腑组织器官输送营养；血是神志活动的物质基础，血液充足，才能神志清晰，精力充沛。血虚则神无所养，常会出现惊悸、失眠、多梦、健忘等病症。因此，补血对于提升记忆力是非常有帮助的。

肝藏血，肾藏精。肝血需要肾精的滋养，肾精又依赖于肝血的化生，中医称之为“肝肾同源”。如果肾精亏损，则会导致肝血不足，而致肾精亏损。因此，要想提高孩子的记忆力，就要做到肝肾同养。孩子肾精不足，还会影响脑部发育。

滋养肝肾，应少食辛辣，多吃山药、干贝、栗子、枸杞、黑米、猪骨头、莲子、芡实、桑葚、葡萄等益肝、滋阴养血的食物。

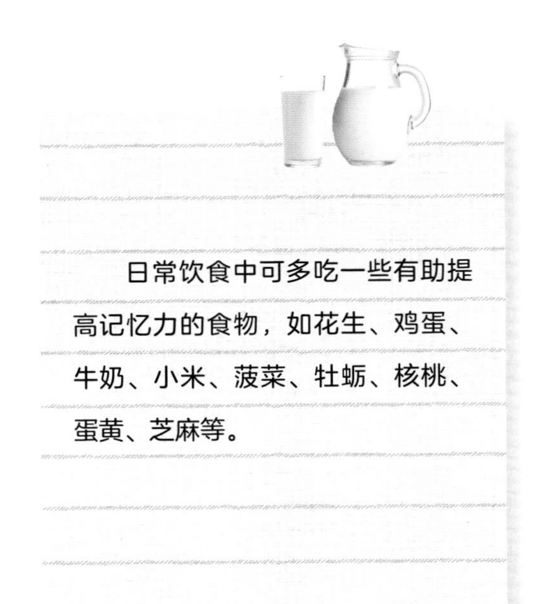

日常饮食中可多吃一些有助提高记忆力的食物，如花生、鸡蛋、牛奶、小米、菠菜、牡蛎、核桃、蛋黄、芝麻等。

南瓜拌核桃

食材准备

南瓜……120克
土豆……45克
配方奶粉……10克
核桃粉……15克
葡萄干……20克
白糖……适量

制作方法

1 将去皮洗净的土豆、南瓜分别切片；洗净的葡萄干切碎，再剁成末。

2 把切好的南瓜和土豆装入蒸盘待用。

3 蒸锅注水烧开，放入蒸盘，盖上盖，中火蒸约15分钟至食材熟软。

4 取出蒸好的食材，放凉，用勺子捣碎再压成泥。

5 撒上配方奶粉，放入葡萄干末，倒入核桃粉，混合均匀即可。

小贴士

核桃营养丰富，所含的脂肪和蛋白质能为大脑发育提供充足的营养。

蛋花浓米汤

食材准备

大米……170克

鸡蛋……1个

制作方法

1 将鸡蛋打入碗中，搅散，制成蛋液，待用。

2 锅中注入清水烧开，倒入洗净的大米，搅拌均匀，盖上盖，烧开后用小火煮约35分钟至米汤呈乳白色。

3 揭盖，盛出米汤，待用。

4 将盛出的米汤倒入锅中，煮沸，再倒入蛋液拌匀，至液面浮现蛋花。

5 将煮好的蛋花米汤盛入碗中即可。

小贴士

鸡蛋含有卵磷脂、蛋白质、钙、铁、维生素A等营养成分，有健脑、促进新陈代谢等作用。

扫一扫
美味跟着学

板栗粥

食材准备

大米……………………………………100克

板栗……………………………………50克

制作方法

1 将板栗肉切小块，再切粒，待用。

2 锅中注入适量清水烧开，倒入洗净的大米，搅拌均匀，盖上盖，煮沸后用小火煮约30分钟，至米粒熟软。

3 揭盖，加入板栗，搅拌匀，续煮30分钟至食材软糯。

4 关火，将煮好的粥盛入碗中即可。

扫一扫
美味跟着学

小贴士

板栗营养丰富，有养胃、健脾、补肾等作用。

疏肝除烦，防小儿躁动不安

小儿正处于生长旺盛的时期，中医称之为“纯阳之体”，或者叫“稚阴稚阳”之体，其脏腑娇嫩，虽然“脾常不足”（即消化功能较弱），然而却“肝常有余”。中医认为，肝气有余便是火，如果肝气过于旺盛，就会形成肝火，肝火过旺会破坏体内的阴阳平衡，从而导致健康问题的出现。

肝火旺盛，大都是因为饮食不当所致。因此，孩子肝火过旺，可通过饮食来疏肝理气，达到安神除烦的效果。如让小孩多食用一些绿色蔬菜、水果，以清淡为主，能有效减弱体内的“火”，减轻肝火热的症状。少食用易上火的油炸类、辛辣类食物。零食也要控制，不要饮用含糖量高的饮料。另外，中医上说，情志不舒，久则肝气郁结，小儿由于大脑发育尚未成熟，对某些情志如忧、思、悲等不太敏感。由于现在很多家庭只有一个孩子，大都是比较娇宠，在性格上也会相对任性一点，爱撒娇、发脾气，或者因缺少玩伴、总是一个人玩耍而变得孤僻、不愿多说话。如果这种情志得不到及时疏导，久而久之就会因肝气疏泄不通而导致肝气郁结，进而导致肝火过盛和脾虚。所以，要让孩子多参加一些有意义的活动，陶冶孩子的情操，并让孩子多点跟其他同龄的小伙伴一起玩耍的机会，培养其开朗的性格。

食物方面，可选择具有清热解毒功效的食材，如绿豆、西瓜、苦瓜、菊花、芹菜等，并根据孩子的年龄段，选择适合孩子食用的烹饪方式。莲藕、山楂、枸杞、白萝卜、西红柿、草莓、山药、扁豆、青椒、西兰花、芦笋等食材具有很好的疏肝理气的功效，可适当食用。儿童肝火旺盛时食欲可能不好，粥类、汤类比较容易消化，不会给尚未发育完全的消化系统造成负担。

牛奶黑芝麻糊

食材准备

配方奶粉……15克

黑芝麻……10克

糯米粉……15克

白糖……适量

制作方法

1 将适量开水注入糯米粉中，搅拌均匀，调成糊状。

2 在配方奶粉中注入适量凉开水，搅拌匀，待用。

3 砂锅注水烧热，倒入黑芝麻拌匀。

4 关火后到倒入调好的配方奶、糯米粉糊，边倒边搅拌。

5 再加入少许白糖，搅拌至白糖完全溶化即可。

小贴士

黑芝麻含有不饱和脂肪酸、维生素A、卵磷脂、钙、铁等营养成分，具有补肝肾、润五脏、益气力等功效。

莲子糯米粥

食材准备

莲子……………………………………100克

糯米……………………………………60克

白糖……………………………………10克

制作方法

1. 砂锅注水烧开，放入备好的糯米和莲子，搅拌均匀。
2. 盖上盖，烧开后用小火煮约60分钟，至食材熟透。
3. 揭盖，加入少许白糖，搅拌匀，用中火煮至白糖溶化即可。

小贴士

莲子含有维生素A、葡萄糖、叶绿素、钙、磷、铁等营养成分，具有补脾止泻、养心安神等功效。

双仁菠菜猪肝汤

食材准备

猪肝……………………………………200克
柏子仁…………………………………10克
酸枣仁…………………………………10克
菠菜……………………………………100克
姜丝……………………………………少许
盐………………………………………2克
食用油…………………………………适量

制作方法

1 把柏子仁、酸枣仁装入隔渣袋中，收紧袋口，待用。

2 将洗好的菠菜切成段，处理好的猪肝切成片。

3 砂锅注入清水烧开，放入隔渣袋，放入姜丝，倒入少许食用油，煮沸后倒入猪肝片，搅拌均匀。

4 放入菠菜段，搅拌片刻，煮至沸。

5 放入少许盐，搅拌片刻，至汤汁味道均匀即可。

小贴士

柏子仁含挥发油、皂苷、脂肪油等营养元素，具有养心安神的功效。

Chapter 4

春季防病保健方案

初春季节谨防鼻出血

儿童在春季发生鼻出血的概率远远高于其他季节。中医认为，春季流鼻血多是气候原因所致。春季气温变化大、大风干燥，易引起感冒、鼻炎等疾病，进而会导致鼻腔毛细血管壁破裂引发鼻出血。此外，鼻腔有过滤、降尘等功能，可以把细菌排出来，一旦空气中尘雾增多，也会增加鼻部负担，诱发鼻出血。鼻出血多呈突发性，出血量可多可少，轻者仅涕中带血，重症者出血量较多，可能会引起头晕、乏力，甚至出现昏厥现象，反复出血会导致贫血，影响孩子正常的生长发育。

怎样预防儿童鼻出血

滋润鼻腔

预防鼻出血，从鼻子“保湿”入手。当儿童鼻腔较为干燥时，可用石蜡油、甘油滴鼻，或用棉团蘸净水擦拭鼻腔。另外，还应注意室内保湿。

控制剧烈活动，避免鼻外伤

儿童鼻出血除了鼻腔局部炎症所致以外，剧烈活动也会使鼻黏膜血管扩张，或者导致鼻腔发痒。父母还要让孩子养成良好的生活习惯，不要随意抠挖鼻孔。

注意饮食

空气干燥时节，在饮食上应少吃煎炸肥腻食物，多吃新鲜蔬果，并注意补充水分。在干燥的季节，可通过多饮水，以清淡饮食为主，多吃蔬菜水果、豆类、菇类、动物肝脏等来增强鼻黏膜血管的生理功能。

预防呼吸道疾病

如果孩子患了感冒、扁桃体炎、肺炎或腮腺炎等传染病，容易导致鼻黏膜血管充血肿胀，严重时甚至会造成毛细血管破裂出血。因此，预防鼻出血，呼吸道疾病也不容忽视。

儿童鼻出血的护理

（1）鼻出血属实热之症者居多，可用冷水浸湿毛巾或冰袋敷于患者前额或后颈；亦可用手蘸冷水轻轻拍打后颈部，以凉血止血。

（2）鼻子出血时或出血之后，可在患儿的额部和颈部进行冷敷，用于冷敷的毛巾要每2分钟浸冷水1次。对出血严重的患者，应使之镇静，少活动，多休息。

（3）让患儿多食蔬菜、水果及清凉爽口的食品，禁食性热的食物如羊肉、葱、姜等。多喝水。

（4）对于反复出血的患儿应及时送医院诊治，以免延误病情，出现危险。

很多家长遇到孩子流鼻血时常采用的一些止血方法并不妥当。①用纸巾或药棉堵住鼻孔止血。因为用纸巾或药棉堵塞鼻腔并不能达到压迫止血的目的，相反反复往鼻子里塞纸巾还会扩大出血创面，使鼻子出血更厉害。②让孩子往后仰头止血。家长一般认为，让孩子头向后仰，鼻子抬高，血就不会从鼻孔中流出来了。其实这样做很危险，因为把头仰起来后，血虽然流不出来，但它并没有止住，而可能会流到鼻腔后方、口腔、气管甚至肺部。轻者可能引起气管炎、肺炎；重者可导致气管堵塞，呼吸困难，甚至危及生命。如果孩子把血咽了下去，还可能会引起胃部不适或疼痛。而且，这样做会使医生无法估计出血量，不利于治疗。

儿童鼻出血的饮食宜忌

中医认为，针对阴虚湿热的流鼻血，当选用性偏寒凉的食物，饮食宜以偏凉或性平为主。性凉蔬菜水果，多利于止血，如鲜藕、荠菜、白菜、丝瓜、芥菜、蕹菜、黄花菜、西瓜、梨、荸荠、竹蔗等；脾虚的流鼻血者以花生、红枣为最好。对于无明显热象之虚症类型的流鼻血，饮食以偏凉或性平为好，忌用温补，在出血期间饮食不宜过热，应放至温凉后再进食。

春风拂面多开窗

室内环境质量的好坏直接影响着人的健康。严寒的冬季，人们往往将门窗紧闭，室内充满了各种对人体健康有害的气体，房间内的空气质量比室外差20倍，有人体呼出的二氧化碳及其他废气、厨房的油烟及燃气，家具、装修材料散发出的各种气体，如果家里有人吸烟，室内的空气污染就更复杂、更严重。春回大地，气温升高，人体吸收力增强，吸入的有害气体增多，危害更大。因此，经常开窗通风就显得非常重要。那么，室内空气不流通、空气质量差，到底会给孩子造成哪些影响呢?

相信大家都知道，空气是维持生命不可缺少的物质。如果总是门窗紧闭，空气中二氧化碳的浓度将会升高，当二氧化碳浓度超标时，便会损害人体健康。处于身体发育、智力发育关键期的孩子，对氧气的需求量比成人更大，若长期处于缺氧状态，便会产生发育不良、容易生病、没有食欲、注意力不集中等一系列问题，严重的还会影响脑部发育、智力发展。常常开窗有利于新鲜空气和阳光进入室内，降低房间空气中二氧化碳浓度，氧气充足，清爽酣畅，有利于身体健康。

春天，气温开始上升，病毒也会滋生，传染病盛行，如果家里门窗紧闭，细菌会在短时间内快速繁殖，给流脑、流感、百日咳等流行性疾病的细菌及病毒生长、繁衍提供了优越条件。常常开窗，使太阳光照入室内，不仅可降低室内湿度，改动细菌、病毒赖以生长繁衍的“安泰窝”，太阳光中的紫外线还可以直接杀死局部病菌，也可以消减家具、衣服的发霉，避免尘螨的滋生，预防过敏性哮喘的发作。

普通家庭习惯于早晨起床后开窗换气，其实，早晨是空气污染的顶峰期，地球每天有500万吨二氧化碳及有害气体排入大气层中。所以，开窗换气以上午9点至11点，下午2点至4点为最佳。此时，气温已升高，逆流层景象已消失，堆积在大气低层的有害气体已经逐步散去。

如果家中孩子的年纪尚小，开窗通风时要注意给孩子增加衣服，加强孩子手脚和头部的保暖。不要让风对着孩子吹，以防止孩子受凉。另外，厨房的油烟是室内空气污染的重要来源，做饭时要开启排气扇或抽油烟机，以及时排除有害气体。

早春当心倒春寒

俗话说：“一年之计在于春。”立春过后，天气逐渐转暖，不少人迫不及待地脱下厚厚的冬装，换上轻薄的春装。“春天孩儿脸，一天变三变。”说的就是春天的气候。春天是个气候多变的季节，虽然气温已逐步回暖，但早晚还是比较寒冷，常常白天阳光和煦，早晚却寒气袭人，冷空气活动的次数也比较频繁。

这种如此“善变”的天气，孩子怎能不容易着凉受冻呢？那么，要如何抵制“倒春寒”，在春季保护好孩子呢？下面就教你几招，让孩子健康度过春天。

第一招：“春捂”要科学

中医提倡“春捂秋冻”，不要因为天气转暖就马上脱掉冬服。孩子在冬天已经习惯了多穿衣服，身体产热、散热的调节功能与冬季环境温度处于相对平衡状态，随便减少衣服会破坏这种平衡，身体的抵抗力就会下降。一旦气温下降，就容易引发各种疾病。

有一部分家长认为，早春天气回暖，孩子爱动，容易出汗，不用穿太多。但却忽略了早春时节，昼夜温差大，早晚气温仍然很低，更要注意给孩子保暖。正确的做法是出门备上衣物，孩子太热可以适当减少衣物，早晚降温时加上外套，给孩子垫上汗巾，或多带几件内衣替换，避免内衣汗湿，受风着凉。

另一部分家长虽然懂得春寒的道理，但一直担心小孩着凉，一出门就给孩子穿得很厚，孩子太热出汗，甚至悟出了痱子。其实，春捂的重点在背部、腹部、脚部。家长要注意的是保护孩子的这些部位：

背部保暖：预防寒邪入侵；

腹部保暖：预防消化不良和腹泻；

脚部保暖：脚底有许多穴位与人的内脏相对应，脚部受凉会引起许多脏腑不适问题。

第二招：强健脾胃，增强抵抗力

除了春捂，家长还要注意增强孩子的抵抗力，保证孩子的消化处于比较良好的状态，同时给孩子强健脾胃，“四季脾胃不受邪”。小孩子脾胃功能健全，营养则能够得到充分的吸收。身体强健从而可以抵抗各种病毒侵入机体，也就不容易生病了。

饮食方面推荐一些补脾益气、醒脾开胃消食的食物，如粳米、薏米、栗子、山药、扁豆、豇豆、牛肉、鸡肉、牛肚、猪肚、葡萄、红枣、马铃薯、香菇等。

此外，可以在孩子的饮食中适当添加葱姜蒜。葱姜蒜不仅是调味佳品，还有中药的药用价值，特别适合孩子的温补。适量食用不但可以增进食欲、助春阳，还具有杀菌防病的功效。一年中葱和蒜的营养在春季最丰富，也是最嫩、最香、最好吃的时候，此时食用可预防春季常见的小儿呼吸道感染。

第三招：加强体育锻炼

春天来了，万物复苏，春色盎然。经过一个冬天的“冬藏”，孩子们已经迫不及待的走出家门。春季是孩子长身体的最好季节，生长激素分泌多，机体新陈代谢也旺盛，多进行户外活动会加速血液循环，给骨骼输送更多的营养物质。运动还能够生发阳气，抵御外邪侵袭。不过，由于孩子的身体发育尚未完全，家长应当在小孩运动前后以及过程中做足功课，以免在运动过程中受伤。

春游忌忽视安全

春天到了，万物复苏，生机盎然。人们习惯在4月下旬至5月初春游，感受春天的气息。此时带孩子一同春游，在绿意生机之中，不仅领略了大自然的奇妙风景，同时也活动了筋骨关节，锻炼了体魄，使人气血通畅，利关节而养筋骨，畅神志而益五脏。

春色盎然，带孩子春游，安全最重要。那么，带孩子春游应该注意什么呢？应该做好哪些准备工作呢？

注意交通安全

随着生活条件的提高，现在大部分家庭出游会选择自驾出行。驾车出行时，应让小孩坐在车后座，最好为孩子配备适合的安全座椅，如果没有也要系好安全带。也不可以坐在副驾驶座上——抱着孩子坐在副驾驶座上是最危险的，这种情况是孩子充当了大人的安全气囊。开车时，也要注意，不可开得太快、急停急拐，以免孩子从座位上跌落而受伤。

孩子触手可及的车窗确保锁好。清除车厢里所有类似于洗涤剂之类的有毒物质。然后，看看车内有无容易吞咽的东西，如脱落的纽扣等，同时拿走那些坚硬的书或玩具。

车内重物应该提前收好。可以将小型沉重物体安置在座位下，以免突然刹车时它冲出去。同样的道理，车厢中的旅行箱等物品都必须妥当放置。

如果孩子晕车，家长可以在出门前给孩子吃晕车药。但千万不要随便给孩子用药。

注意饮食安全

外出旅游应在总体上保持原有的饮食规律，按时就餐，避免两餐之间相隔时间过长，不可暴饮暴食，不要吃过多的零食。要特别注意饮食卫生，绝对不吃不清洁或变质的食品。春游时，家长一般都会准备一些食物和零食。但是，并不是所有食物都适合踏青的，比如果冻、有核的蜜饯、干果等。在野外就餐不同于家里，孩子注意力容易分散，吃这些东西容易被噎住。另外，一些容易变质的食物也不适合外带，否则会闹肚子。比如有奶油夹心的点心需要低温保存，否则容易变质；香蕉容易被捂烂，也不适合春游时食用带。家长要告诉孩子，不能随意采摘野果吃，以防止食物中毒。

注意意外跌伤、扎伤

孩子年龄小，自我保护意识不强，在野外玩耍时就要更加注意，避免摔伤、跌伤。出发前，家长要给孩子穿一双合脚、轻便的鞋。上下山坡时尽量走石阶，少走山面斜坡，这样既符合力学和生理要求，又安全省力。因为在水泥、沥青、石板等硬地上行走比在草地、河滩、湿地等软地面行走更省劲儿、更安全。另外，不要怕绕路，尽量选择较涩的草坡走，不要走沙石坡，以防孩子滑倒。

春季伴随着雨季一起到来，在这样一个特殊的季节，孩子出游玩耍更要小心。因为地面湿滑，孩子很容易摔倒，家长在选择春游地点时，要多考虑孩子的实际情况，宜选择一些近郊出行，比如城郊乡村。

特别需要提醒家长们的是，小朋友们在看到鲜花、绿草之时总是很激动的，激动之余，难免会手舞足蹈，因此，要特别注意避免孩子磕伤、碰伤。

在野外不能让孩子到处钻。有些漂亮的花往往带刺，孩子即使穿着长衣长裤，小手、小脸也会暴露在外，如果不注意，很有可能被扎伤、划伤。

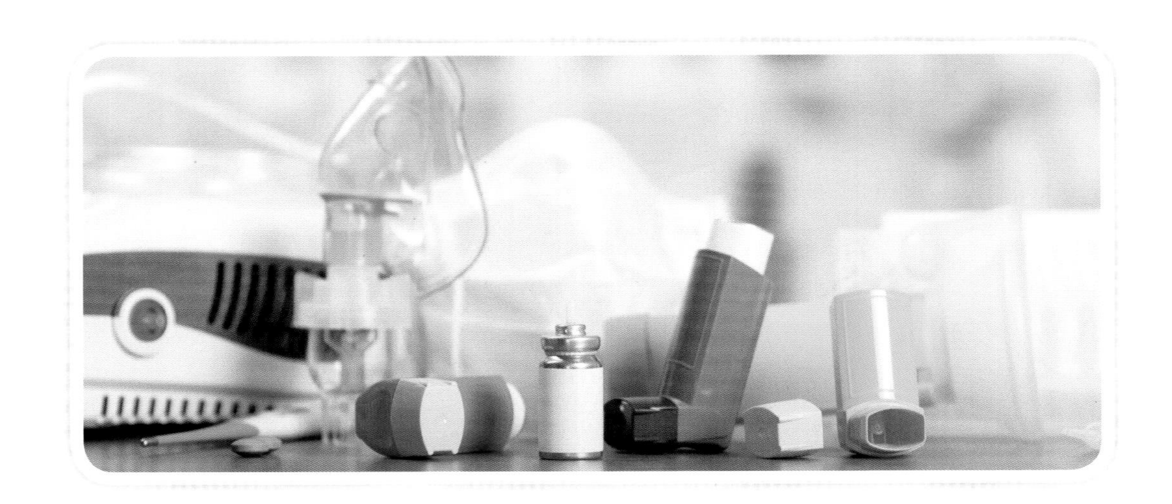

随身携带小儿常用药品

婴幼儿身体发育尚未完全，抵抗力较低，非常容易生病，出门在外更是难于避免，所以家长要未雨绸缪，随身携带一些日常药品。这些药物包括小儿常用的退烧药、感冒药、腹泻药、抗过敏的外用药及内服药、益生菌等。如果孩子在出行时有一些身体不舒服的症状，一定要根据医嘱，预先带一些对症下药的常用药。外伤外敷的药品，如云南白药、创可贴、清凉油等也应准备齐全。另外，家长一定要带上体温计，以防孩子半夜发烧而找不到药店购买。建议每位家长准备一个小药箱，将这些所需的药品都放在里面，外出携带也非常方便。

避免蝎、蜂蜇伤

春季是蜜蜂采蜜的大好时节，有鲜花的地方就可能有蜜蜂。家长要提前告诉孩子不要试图去捉小蜜蜂，以免被蜇伤。如果蜜蜂追着孩子，告诉他不要跑，要立即蹲下，用衣物包住头部。一旦孩子被蜜蜂蜇伤，要设法将毒刺拔出，用嘴吸出毒汁，待条件许可时再用肥皂水、5%苏打水或3%淡氨水洗敷伤口。若条件不允许，拔出毒刺后应立即用清水冲洗伤口。如果蜇伤严重，要立即到医院治疗。

多准备换洗衣服或者外套

春天天气变化无常，时而大风，时而下雨，时而阳光明媚，小朋友体质弱，容易生病。所以家长要多带一件厚一点的外套，避免变天时，孩子着凉生病。

幼儿在运动过程中经常会大量出汗，如果没有及时擦干，靠孩子的体温捂干或风吹干，很容易引发感冒。因此，家长应该随身携带一些干毛巾，及时地帮孩子擦干身体。

预防皮肤过敏

春季里，幼儿的皮肤非常脆弱。因为天气多变，气温忽高忽低，皮肤一时无法适应，很容易出现问题。加上春天皮肤的皮脂腺分泌功能增强，毛孔张开，皮肤密度减小，各种病菌很容易入侵，易诱发过敏性皮炎，导致皮肤上出现小红疹、脱皮、红肿和瘙痒。所以，如果孩子以前有过敏史，春游时要尽可能回避有花之处，也可以事先口服抗过敏药物。

春天踏青防花毒

百花齐放、姹紫嫣红的春天，最令孩子们兴奋的事情莫过于踏青了。但家长带孩子踏青，一定要提防花毒。有些花朵看上去美丽诱人，却会释放出一些有毒的气体或分泌出某种含毒汁液，人在接触这些有毒花朵后，轻者出现皮肤瘙痒，重者导致头晕、呕吐，甚至死亡。对于正处于发育期、容易过敏的幼儿来说，所产生的伤害将更大。因此，家长很有必要了解哪些是有毒的鲜花。

导致呕吐的花卉包括杜鹃花、水仙花等

杜鹃花又叫映山红，在南方的一些山上，一到开春，漫山遍野地开着红色的、黄色的杜鹃花。其中黄色杜鹃花含有四环二萜类毒素，中毒后会引起呕吐、呼吸困难、四脚麻木等症状。水仙的鳞茎中有一种白色透明的黏液，有点像鸡蛋清，这种毒素叫拉丁可，大量食用以后，会引起人体的呕吐、腹痛、昏厥，严重时甚至会有生命危险。水仙的叶和花的汁液也有毒，可导致皮肤红肿、奇痒。如果水仙的汁液不小心进入眼里，还会导致眼部受伤。

导致皮肤不适的花卉包括一品红、仙人掌等

一品红全株有毒，它的白色乳汁一旦与皮肤接触，会使皮肤产生红肿等过敏症状，误食茎、叶有中毒甚至死亡的危险。仙人掌类植物，刺内含有毒汁，人体被刺后，易引起皮肤红肿、疼痛、瘙痒等过敏症状。

导致毛发脱落的花卉有含羞草、郁金香等

含羞草含有含羞草碱，过多接触会引起眉毛稀疏，毛发变黄，严重的会引起不定期毛发脱落。郁金香含有毒碱，人在这种花丛中待上2小时就会头昏脑涨，出现中毒症状，严重者可能导致毛发脱落。

另外，一些花卉也容易引起人体不适。例如：夹竹桃茎、叶、花朵都有毒，它分泌出的乳白色汁液含有一种叫夹竹桃苷的有毒物质，误食会中毒；马蹄莲花内含大量草本钙结晶和生物碱，误食会引起昏眠等中毒症状；万年青的花叶内含有毒素，误食后会引起口腔、咽喉、食道、胃肠肿瘤，伤害声带，使人变哑；虞美人全株有毒，尤其以果实毒性最大，误食后会引起中枢神经系统中毒，甚至有生命危险。

地球上的植物种类繁多，以上这些只是我们平常接触得比较多的，还有很多是我们所不知的，家长要区分哪些植物有毒更是难上加难。即使家长知道，并且告诉了孩子，也很难保证他们能乖乖地不去碰那些有毒的植物。虽然大多数植物毒素不一定会带来生命危险，但碰到它们，也会令孩子的皮肤产生不适。所以，踏青时，要给孩子穿上长袖上衣和长及脚踝的裤子，不在山林或草丛中躺卧；要告诫孩子踏青赏花应“动眼不动手”，更不可随意将花草放入口中嚼食。如果孩子不小心碰了有毒的植物，皮肤已经出现反应，应马上回家冲浴，然后抹一些适合婴幼儿使用的类固醇药膏，以尽量减少毒素在身体上的残留。如果情况严重，应及时带孩子去看医生。孩子当天穿过的衣服，从里到外都要认真清洗一遍。

春天宜泡"森林浴"

现代人大多生活在城市中，活动空间小，人群居住密集度高，加上空气质量不断变差，空气中的负氧离子严重缺少，甲醛等有害气体的增加，电脑、家用电器、手机等产生的电磁辐射等导致很多人处于亚健康状态，人们常感到厌烦、疲劳、焦虑、头晕、恶心，导致机体免疫力下降，引发哮喘、鼻炎、失眠等病症。

阳春三月，气温逐渐回升，各种花卉在这时也竞相开放，此时若能全家出动去郊外感受一下"森林浴"的洗礼，吸收森林中树木花草散发出的有机物质，可达到祛病抗邪、健身强体的目的。

森林浴是目前流行的一种健身方式，它是指人们到森林中或到绿树成荫的公园里，呼吸清新的自然空气，沐浴阳光，放松一下精神，同时通过适当的活动，比如林中散步、做操、攀高涉水、闭目养神、放声歌唱……充分感受森林中的气息和氛围，以培养人体的正气，达到去病抗邪的目的。那么，为什么说森林浴对人体健康有益呢？

首先，树木可净化空气。当气流经过树林，空气中有部分尘埃、油烟、炭粒、铅、汞等致病物质就被植物叶面上的绒毛、皱褶、油脂和黏液吸附住，空气因此得以净化。据统计，每公顷阔叶树林，每年可吸掉68吨尘埃。

其次，森林是一座巨大的天然氧吧，负氧离子是氧的特殊形式，对人的呼吸、循环系统十分有益，含较多负氧离子的空气可以提高人体免疫力，促进细胞新陈代谢；它可刺激副交感神经，具有稳定情绪的镇定功能；它还能增进活力，消除疲劳，增强食欲。因此，它被誉为是"空气维生素"。人在森林里感到神清气爽，心旷神怡，就是负氧离子含量高的缘故。

森林里的许多植物还会散发出有较强杀菌能力的芳香性物质，能杀灭空气中许多致病菌和微生物。1公顷的松树或柏树，一昼夜可以挥发出30千克的杀菌素。杨树、桦树、樟树也和松柏一样，它们挥发出的物质，可以杀灭结核、霍乱、赤痢、伤寒、白喉等病原体。松树与柏树除了吸收毒气外，还能吸收致癌物质。在森林里，空气中的含菌量只有无林区的1%。由此可见，"森林浴"能促进儿童血液循环和大脑发育，能提高身体免疫力，对儿童的健康大有裨

春季远离螨虫危害

春天气温回暖，百花齐放，百鸟齐鸣，正是万物繁殖的好季节！当然，螨虫也在会春天里死灰复燃。这些害螨不仅咬人，而且还会使人生病。尤其对于正处于发育期、皮肤幼嫩的婴幼儿来说，稍有不慎就会遭到螨虫的侵害。

螨虫是一种肉眼不易看见的微型害虫，当天气变得暖和时，这些小小螨虫就开始“兴风作浪”了。螨虫不仅咬人，而且致病，甚至其尸体、分泌物和排泄物都是过敏原。这些过敏原进入人体呼吸道或接触皮肤后，有可能引发红斑、毛孔扩大、皮肤粗黑、打喷嚏、流鼻涕、鼻塞、咳嗽、甚至气喘等症状。据世界卫生组织报道，90%以上的婴幼儿过敏性疾病是由螨虫引发的。据国家疾控中心报道，70%以上婴幼儿传染性疾病与螨虫有关。婴幼儿及儿童免疫能力低下，极易受到螨虫伤害而引发各种疾病，婴儿在出生一年内如果接触尘螨可能导致终生过敏。而孩子螨虫过敏的主要原因就在于他们身体组织发育不完善，抵抗力弱。具体表现为呼吸道娇嫩，无法承受过敏物质的刺激，特别是螨虫这种最强烈的过敏物质，因此就会产生过敏性鼻炎和过敏性哮喘这类呼吸道疾病。另外，孩子的皮肤也非常娇嫩，在接触到螨虫过敏原时，十分容易引发过敏性皮炎或荨麻疹之类的皮肤疾病。

既然螨虫时时刻刻都有可能危害宝宝的身体健康，家长应如何预防和避免孩子螨虫感染呢?

保持室内干燥

螨虫喜潮湿，湿度60%以上、温度25℃以上、阴热潮湿的环境极利于螨虫的繁殖，因此，要保持室内通风干燥。

注意家庭卫生的清洁

家里用的被褥等床上用品应该经常晾晒，特别是草席，最容易滋生螨虫。经常在太阳底下暴晒可以杀死很大部一分螨虫。最有效的方法就是晒的时候将这些床上用品放到大的黑塑料袋子内，在阳光充足的地方暴晒两个小时左右。因为黑色吸热，高温可以杀死螨虫。在把被褥收回屋子之前，用力拍打可以拍掉大部分的螨虫尸体、灰尘。

家里有地毯的话，应定期对地毯进行清洁并喷洒杀虫剂。要注意等地毯上的杀虫剂味道消除之后，再让宝宝接触地毯。

勤换勤晒衣物

应该给宝宝勤洗澡，勤换洗衣物，大人和孩子的衣服清洗过后，都应在太阳底下暴晒。如果是阴雨天，晾之前可以将宝宝的衣物用开水烫泡一会儿。

家中的食物要新鲜

很多人可能不知道，螨虫也很“偏爱”食品，饼干、奶粉等食品都是粉螨滋生的“温床”；而白糖、片糖、麦芽糖、糖浆等含糖量高的食物是甜食螨的最爱，如果不小心让它们进入宝宝的体内，就会成为宝宝健康的隐患。所以，家中食物要注意保鲜。宝宝的肠胃道功能跟成年人相比是十分脆弱的，很容易染上疾病。如果是比较潮湿的季节，则不要在家里储存太多的食物，尽量让宝宝每次都吃上新鲜的食物。

居室内多通风，时刻保持空气流通

螨虫喜欢潮湿、高温、有棉麻织物和有灰土的环境，所以，干燥、通风的环境就是消灭它们的最佳武器。为了彻底防治家庭中的螨虫祸害，一定要经常打开门窗，坚持通风、透光，特别是在长时间使用空调后更要注意室内的通风、换气。

离宠物和花肥远一点

螨虫很喜欢藏匿在宠物身上，如果家中有养宠物，应该经常给宠物洗澡消毒。花草肥料也是螨虫、真菌最喜欢的物质，在给花草施肥料时，应该把肥料洒在花草的根部，这样会减缓螨虫的繁殖速度。